AF341684

ÉLÉMENTS

DE

GÉOMÉTRIE

PAR

M. E. BEDE,

Docteur ès-sciences physiques et mathématiques.

6e édition.

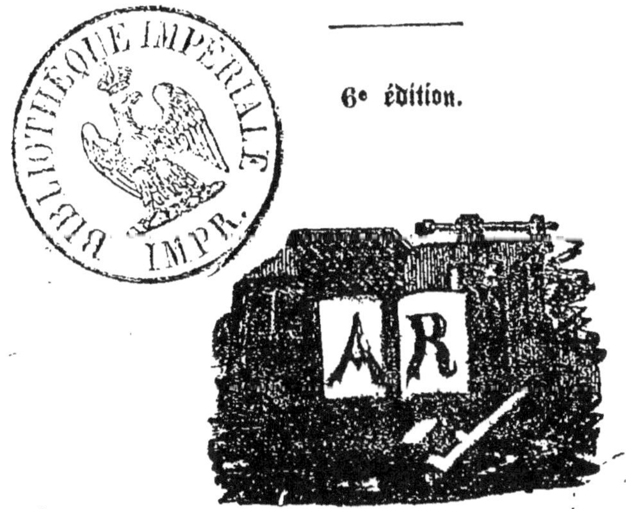

PARIS

CHEZ PHILIPPART, LIBRAIRE,

6, BOULEVART DES ITALIENS,

ET CHEZ TOUS LES LIBRAIRES

DE LA FRANCE.

ÉLÉMENTS

DE GÉOMÉTRIE.

CHAPITRE I.

1. La géométrie a pour but la mesure de l'étendue. L'étendue d'un corps est la portion de l'espace occupée par ce corps. Elle a trois dimensions : longueur, largeur, hauteur ou profondeur. On appelle

Corps ou *solide*, ce qui réunit ces trois dimensions ;

Surface, ce qui ne réunit que largeur et longueur : c'est la limite extérieure de tout corps ;

Ligne, ce qui n'a qu'une dimension, la longueur : c'est la limite d'une surface ;

Enfin, un *point* n'a pas de dimensions ; c'est la limite d'une ligne : ainsi, les extrémités d'une ligne sont des points.

2. Quand on dit qu'un point n'a pas de dimensions, on parle tout à fait rigoureusement, mathématiquement. Cependant, pour mieux concevoir tout ce qui va suivre, il vaut mieux admettre (et c'est encore une idée mathématique) que le point occupe une portion infiniment petite dans l'espace, c'est-à-dire une portion plus petite que tout ce que nous pouvons nous figurer ; on conçoit alors que si l'on met à la suite l'un de l'autre une infinité (c'est-à-dire un nombre plus grand que quelque nombre que ce soit) de ces points infiniment petits et infiniment rapprochés, ils formeront une ligne ; de même, si nous supposons aux lignes une largeur infiniment petite, en en plaçant l'une contre l'autre dans le sens de cette largeur un

nombre infini, on formera une surface qui aura une longueur et une largeur finies, c'est-à-dire réelles : il ne restera plus que la hauteur d'infiniment petite. Enfin, si nous superposons l'une sur l'autre, dans le sens de cette hauteur, des surfaces infiniment rapprochées, nous aurons ainsi un corps ou solide qui aura longueur, largeur et hauteur.

On voit ainsi comment le point, la ligne, la surface et le solide se lient l'un à l'autre. Cette idée de l'infiniment petit et de l'infiniment grand paraît au premier abord difficile à saisir ; mais en y réfléchissant un peu on finit par la trouver fort simple. D'ailleurs on l'admet presque constamment sans s'en douter : on l'admet en faisant un point avec le bout d'une plume ; on fait ce point le plus petit possible, mais cependant existant ; on l'admet encore lorsqu'on fait une ligne, car le tracé d'une ligne revient à laisser tomber l'une à la suite de l'autre une infinité de petites taches, de manière à ce qu'elles ne forment qu'une trace continue. J'insiste sur cette idée afin qu'on ne la repousse pas comme trop abstraite pour un enseignement très-élémentaire.

3. On distingue trois espèces de lignes : La *ligne droite* ou simplement *la droite* se conçoit mieux qu'elle ne se définit. C'est le plus court chemin entre deux points A et B.

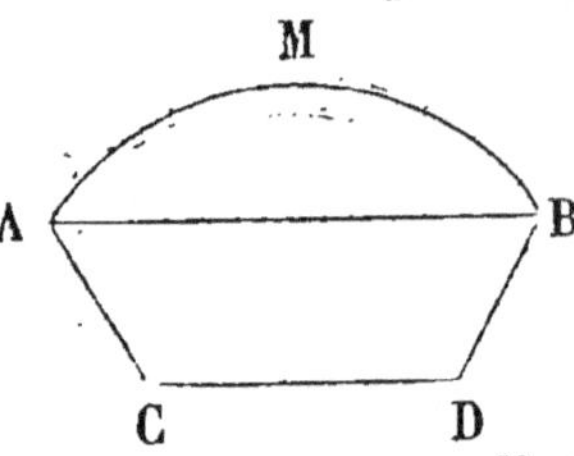

Comme ces deux points la déterminent complétement, on indique cette droite simplement par AB. Une ligne composée de plusieurs lignes droites s'appelle *ligne brisée :* on l'indique par les lettres qui marquent les extrémités des droites composantes ; telle est la ligne ACDB. Enfin toute ligne qui n'est ni droite ni brisée est une *ligne courbe ;* on l'indique généralement par trois lettres : telle est la ligne AMB.

4. A la ligne droite correspond la *surface plane* ou le *plan ;* c'est la seule surface sur laquelle on puisse entièrement appliquer une ligne droite dans tous les sens, ou,

ce qui revient au même, c'est une surface telle qu'en joignant deux quelconques de ses points par une ligne droite, celle-ci y soit contenue tout entière.

Toute surface qui n'est ni plane ni composée de surfaces planes est une *surface courbe*.

5. Toute ligne qui peut être entièrement contenue dans un plan, par conséquent toute ligne tracée sur une surface plane est une *ligne plane*. Parmi les lignes courbes planes il y en a une fort remarquable, et c'est la seule dont nous nous occuperons ; on l'appelle *circonférence de cercle*, ou simplement *circonférence* ; c'est une ligne dont tous les points sont à la même distance d'un point intérieur

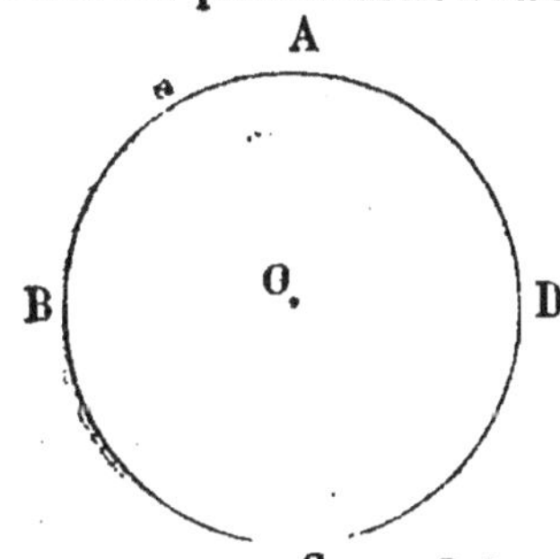

O que l'on appelle centre. Telle est la ligne ABCD. C'est la ligne que l'on trace en faisant tourner un compas dont l'ouverture reste la même et dont une des pointes reste fixe en un point, qui est alors le centre de la circonférence.

§ Ier. *Lignes droites.*

6. Les droites sont nécessairement des lignes planes. Deux droites menées dans un même plan et suffisamment prolongées doivent en général se rencontrer ; parfois il arrive que, prolongées aussi loin que l'on veut, elles ne se rencontrent pas. Ce sont alors deux droites *parallèles*. Deux droites qui se rencontrent et que l'on prolonge jusqu'à l'infini à partir de leur point de rencontre renferment entre elles une certaine portion du plan qui les contient. Cette portion de plan est appelée *angle*.

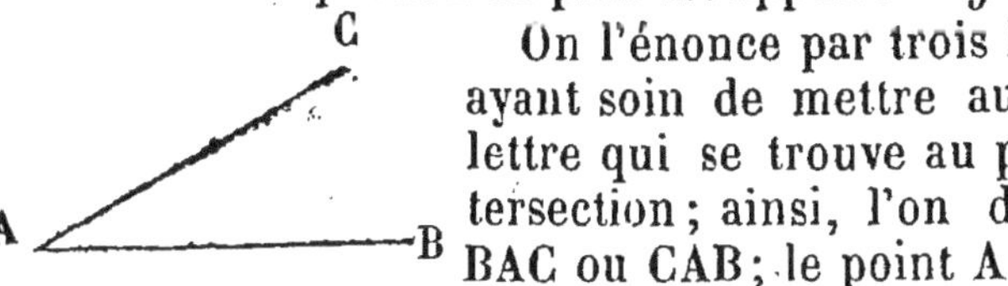

On l'énonce par trois lettres, en ayant soin de mettre au milieu la lettre qui se trouve au point d'intersection ; ainsi, l'on dira l'angle BAC ou CAB ; le point A est appelé somme et, et les lignes AB, AC, côtés de l'angle.

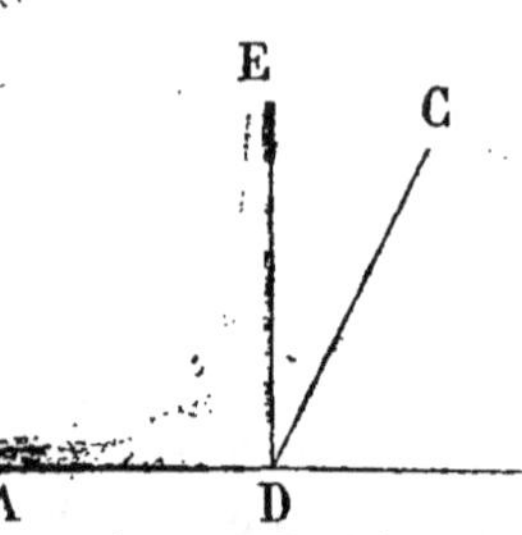

7. Lorsqu'une droite **ED** en rencontre une autre **AB** au point **D**, par exemple, elle forme avec elle deux angles **EDA**, **EDB**, qu'on nomme adjacents ; si ces deux angles sont parfaitement égaux, c'est-à-dire si la ligne **ED** ne penche pas plus vers le point **A** que vers le point **B**, les deux angles sont appelés *droits*, et la ligne **ED** est dite *perpendiculaire* sur **AB**.

L'angle **CDB**, plus petit que l'angle droit **EDB**, se nomme angle *aigu*, et l'angle **CDA**, plus grand qu'un angle droit, est appelé *obtus*.

8. Tous les angles droits sont égaux entre eux.

Quoique leur égalité puisse être démontrée de la manière la plus scrupuleuse, nous nous contenterons ici de l'énoncer comme évidente.

9. La somme de deux angles adjacents vaut deux angles droits.

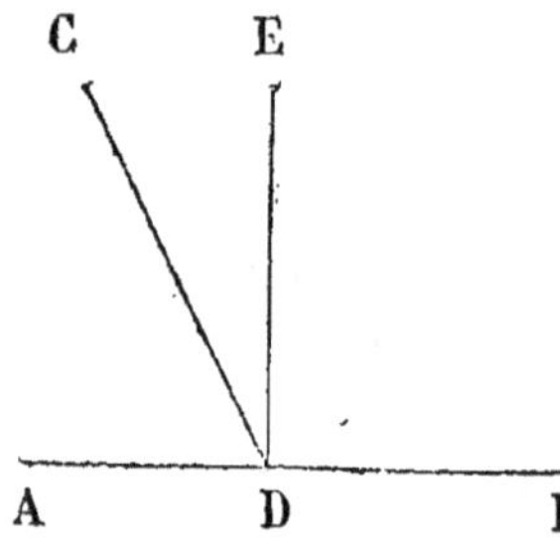

En effet, si nous considérons les deux angles **ADC**, **CDB**, on remarque que l'élévation de la perpendiculaire **DE** les décompose en trois angles **BDE**, **EDC**, **CDA** ; or, le premier, **BDE**, est droit, et les deux autres réunis forment l'angle droit **EDA** : donc, etc.

10. Il découle des numéros précédents que la somme des angles **ADE**, **EDF**, **FDC**, **CDB**, formés au même point **D** de la droite **AB**, et du même côté de cette droite, valant les deux angles **ADC**, **CDB**, est égale à deux droits.

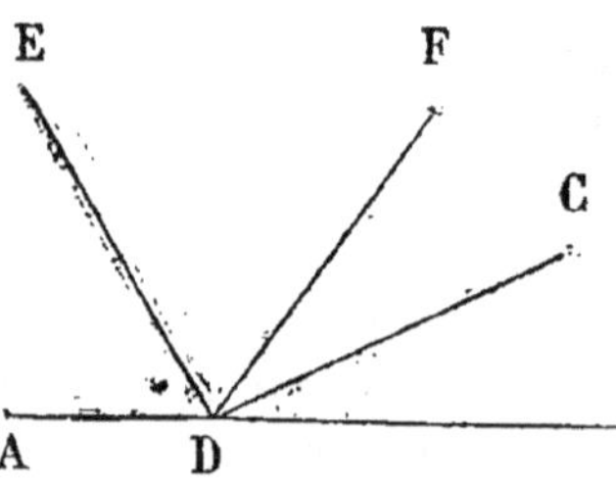

11. Lorsque deux droites se coupent, les angles opposés au sommet sont égaux.

Avant de démontrer cette vérité, remarquons que deux quantités égales à une troisième sont égales entre elles, et que si de deux quantités égales on retranche la même quantité, les restes seront égaux.

Pour prouver maintenant que les deux angles AOD, COB sont égaux entre eux, je dirai : la somme AOD+AOC= deux angles droits; il en est de même de la somme COB+AOC, n° 9. Si des deux sommes égales on retranche l'angle commun AOC, les restes AOD, COB seront égaux. Ce qu'il fallait démontrer.

§ II.—*Triangles.*

On entend par triangle la portion de plan comprise entre trois droites qui se coupent. Un triangle a trois côtés et trois angles.

12. Deux triangles qui ont un angle égal, et les deux côtés qui le forment égaux chacun à chacun, sont égaux.

Supposons que l'angle A soit égal à l'angle D, le côté AB égal au côté DE, et le côté AC=DF. Couvrons le côté AB avec son égal DE; l'angle D étant égal à l'angle A, le côté DF couvrira exactement AC puisqu'il lui est égal : par conséquent le troisième côté EF tombera sur BC qui lui sera égal.

13. Deux triangles sont égaux quand ils ont un côté égal et les angles adjacents égaux, chacun à chacun (fig. préc.).

Soit le côté BC=EF, l'angle B=E et l'angle C=F.

Couvrons le côté EF avec son égal BC : l'angle B étant égal à l'angle E, le côté BA tombera sur le côté ED, et le point A sera sur la direction ED; pour une raison exactement semblable il devra se trouver sur la direction FD : donc il tombera sur le point D, et le triangle ABC couvrira exactement le triangle DEF. C. Q. F. D. [1].

14. Si deux côtés AB, AC du triangle ABC sont égaux aux deux côtés DE, DF du triangle DEF, si de plus l'angle BAC, formé par BA et AC, est plus grand que l'angle EDF formé par DE et DF, le troisième côté BC sera plus grand que EF.

Pour le prouver je tire par le point A la ligne AH=DE, de manière à ce que l'angle CAH soit égal à EDF. Je tire la ligne CH, et (n° 12) les deux triangles CAH, DEF sont égaux ; par conséquent le côté CH=EF. Il nous suffit donc de prouver que le côté CH est plus petit que BC ; pour cela traçons AG de manière à diviser l'angle BAH en

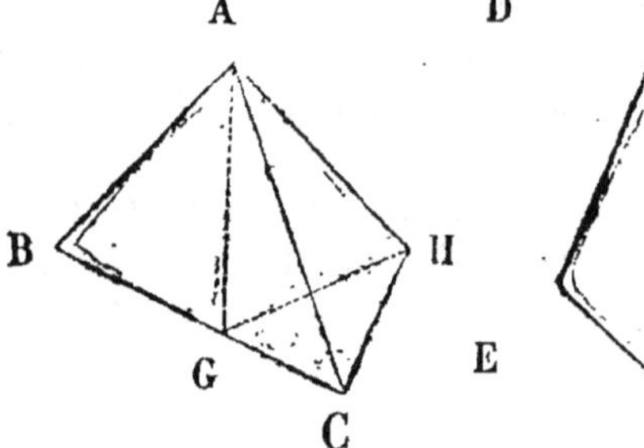

deux parties égales, et tirons GH : les deux triangles BAG , GAH sont encore égaux (n° 12) : donc les côtés BG, GH sont égaux. Or, la ligne droite mesurant le plus court chemin d'un point à un autre, on a CH plus petit que CG + GH ou bien plus petit que CG + CB ou BC. C. Q. F. D.

15. Il est facile de déduire du n° 14 que si deux triangles ont les trois côtés égaux chacun à chacun, leurs angles le seront aussi, et par conséquent les deux triangles seront égaux. Je dis que l'angle A=D.

En effet, s'il était plus grand, les côtés AB, AC étant égaux aux côtés DE, DF, il faudrait (n° 14) que BC fût plus grand que le côté EF, ce qui n'a pas lieu. S'il était

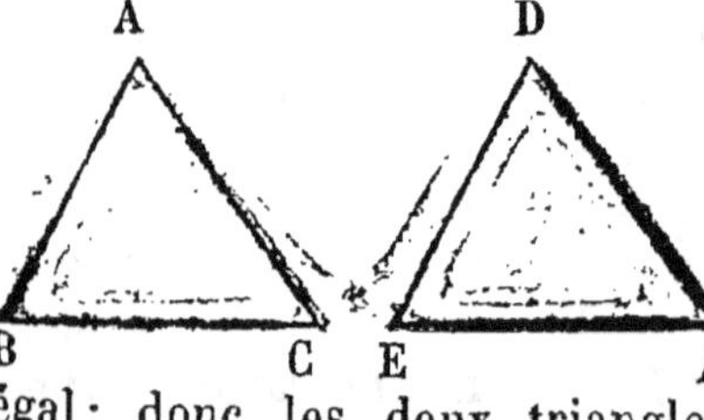

plus petit, il faudrait, pour la même raison , que BC fût plus petit que EF, ce qui n'a pas lieu ; donc A, ne pouvant être ni plus grand ni plus petit que D, doit lui être égal ; donc les deux triangles sont égaux. C. Q. F. D.

---

[1] Les quatre lettres C. Q. F. D. expriment la formule « *Ce qu'il fallait démontrer.* »

16. On appelle triangle *isocèle* celui qui a deux côtés égaux; le troisième côté se nomme base, et l'angle qui lui est opposé sommet.

Dans tout triangle isocèle les angles opposés aux côtés égaux sont égaux. Ainsi, pour prouver que C=B, on joint le sommet A au milieu de la base, et l'on a ainsi deux triangles ABG, AGC égaux, comme ayant leurs côtés égaux chacun à chacun ; donc B=C. C. Q. F. D.

17. On voit que la ligne AG divise l'angle BAC en deux parties égales et qu'elle est perpendiculaire sur la base BC (n° 7), puisque les deux angles adjacents qu'elle y forme sont égaux.

18. On appelle triangle *équilatéral* celui qui a ses trois côtés égaux. Ce n'est qu'un cas particulier du triangle isocèle, et ce qui précède peut s'y appliquer : il en résulte immédiatement que les trois angles d'un triangle équilatéral sont égaux.

19. Tout triangle dont un des trois angles est un angle droit est appelé triangle *rectangle*. Le côté AB, opposé à l'angle droit, est appelé *hypoténuse*.

Il résulte des n°ˢ 8 et 12 que si les deux côtés de l'angle droit sont égaux chacun à chacun dans deux triangles rectangles, ces deux triangles sont égaux.

De même des n°ˢ 8 et 13, il résulte que deux triangles rectangles ABC, DEF sont égaux lorsque les côtés BC, EF sont égaux ainsi que les angles non droits y adjacents, ABC, DEF. Il en est de même lorsque l'on a AC = DF, et BAC = EDF.

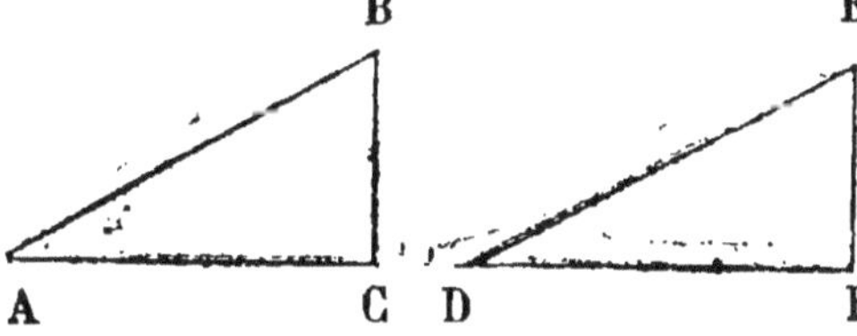

Nous verrons plus loin d'autres cas d'égalité des triangles rectangles, ainsi que des triangles quelconques.

§ III. *Perpendiculaires et obliques.*

20. On ne peut, par un même point pris sur une droite, élever qu'une seule perpendiculaire à cette droite; car, si l'on pouvait en élever deux CD, CI, les deux angles ACD, ACI seraient droits et devraient être égaux (n° 8), ce qui ne peut avoir lieu, puisque l'un n'est qu'une partie de l'autre.

21. Par un point A pris hors de la droite DI, on ne peut abaisser qu'une seule perpendiculaire AB sur cette droite DI.

La démonstration de cette proposition découle fort simplement de la définition de l'angle. Supposons que du point A on puisse abaisser sur la ligne DI une seconde perpendiculaire AC, elle croisera nécessairement la perpendiculaire AB. Concevons ces deux lignes prolongées jusqu'à l'infini au delà du point A dans le sens AF et AE. La droite DI étant elle-même supposée illimitée, l'angle DBF sera la portion illimitée d'espace comprise entre BD et BF; l'angle DCE sera la portion, de même illimitée, comprise entre CD et CE. Or, la première portion se compose de l'espace infini DBE plus l'espace également infini EAF ; la seconde DCE se compose du même espace infini DBE plus la portion limitée BCA. Donc, il y a entre les espaces infinis DBF, DCE la différence infinie qui existe entre l'espace infini EAF et l'espace fini BCA ; donc l'espace DBF est plus grand que l'espace DCE, c'est-à-dire que l'angle DBF est plus grand que l'angle DCE. Or, si ces deux angles étaient droits, ils seraient égaux : donc l'angle DCE ne peut pas être un angle droit; donc la droite AC ne peut pas être perpendiculaire sur la droite DI. C. Q. F. D.

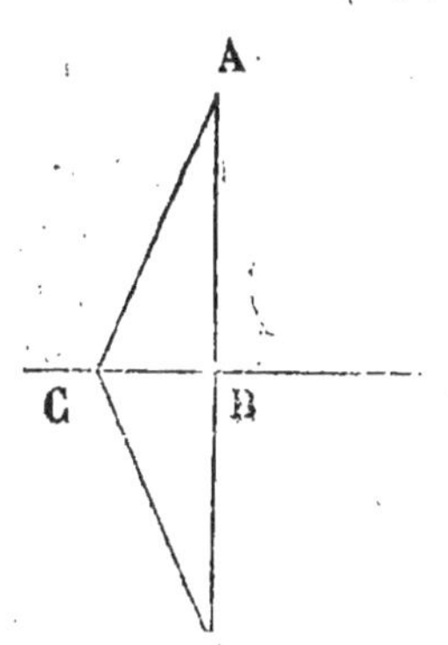

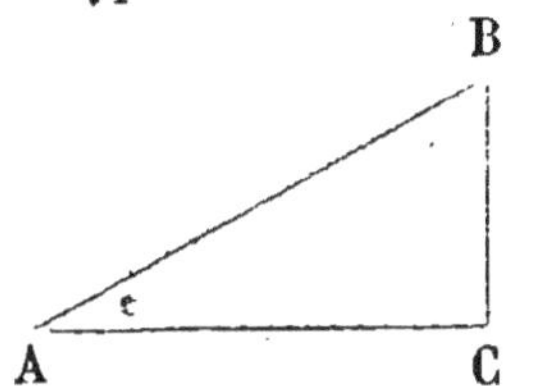

22. La perpendiculaire AB est toujours plus courte qu'une oblique quelconque. En prolongeant AB d'une quantité égale BK et joignant CK, il arrive que AC=CK ; or la droite AK étant plus courte que la ligne brisée ACK, AB moitié de AK sera plus courte que AC moitié de la ligne ACK. C. Q. F. D.

23. Il est facile de reconnaître de même que deux obliques AC, AD, qui s'écartent également du pied B de la perpendiculaire AB, sont égales, et que l'oblique AI, qui s'écarte le plus, est la plus longue.

24. On déduit des deux numéros précédents deux nouveaux cas d'égalité des triangles rectangles, lesquels nous seront nécessaires dans la théorie suivante.

a) Deux triangles rectangles sont égaux lorsqu'ils ont l'hypoténuse et l'un des angles y adjacents égaux.

Soit ABC = DEF, et AB = DE. Superposons les deux triangles de manière que AB coïncide avec DE ; à cause de l'égalité précédente des angles, les côtés BC et EF coïncideront aussi en direction : il faudra alors que les deux autres côtés coïncident aussi en direction ; autrement, du point A où est venu se placer le point D, on pourrait abaisser deux perpendiculaires AC, DF sur la droite BC, coïncidante avec EF, puisque les angles ACB, DEF sont droits. Ainsi donc, les côtés AC et DF, BC et EF doivent coïncider ; donc les points de rencontre C et F de ces droites coïncideront, et par suite les deux triangles. C. Q. F. D.

b) Deux triangles rectangles sont égaux lorsqu'ils ont l'hypoténuse et un des côtés de l'angle droit égaux chacun à chacun.

En effet si l'on place les deux triangles l'un à côté de l'autre en faisant coïncider les côtés égaux BC et EF, les deux

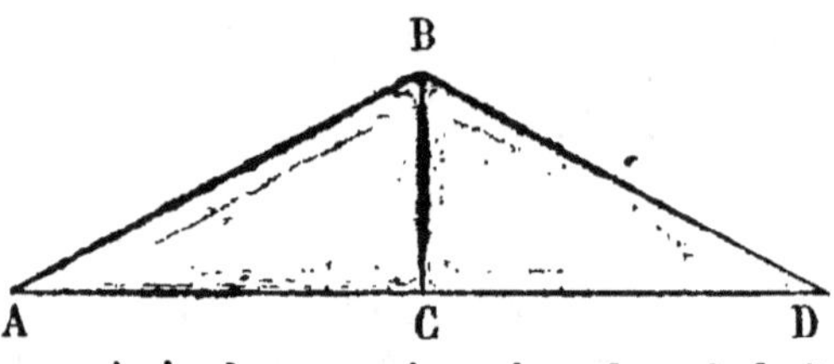

autres côtés AC, DF devront coïncider; de plus ils devront être égaux, autrement les hypoténuses AB, BD seraient deux obliques inégalement écartées du pied C de la perpendiculaire BC : elles ne seraient donc pas égales, ce qui est contre l'hypothèse.

25. Deux triangles sont égaux lorsqu'ils ont un angle

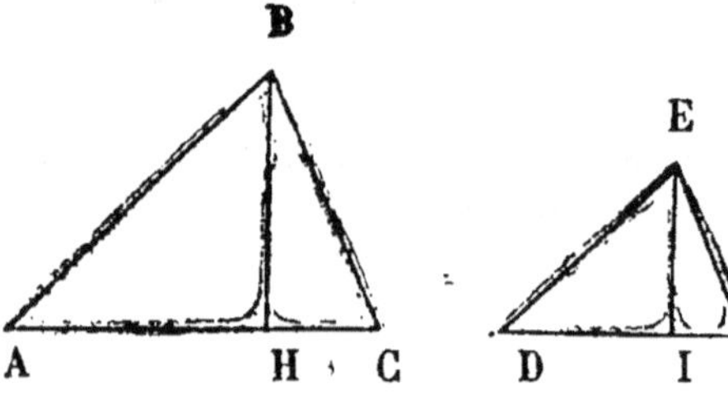

égal adjacent à un côté égal et opposé à un autre côté égal. Soient AB=DE, BC =EF et A=D. Abaissons les perpendiculaires BH, EI. On aura le triangle BAH=EDI (n° 24, *a*); donc BH=EI. Par suite, le triangle BCH=EFI (n° 24, *b*). Donc, etc.

§ IV. *Parallèles.*

Nous avons dit, n° 6, que l'on appelait droites *parallèles* des droites situées dans un même plan et qui ne peuvent se rencontrer, quelque loin qu'on les prolonge dans les deux sens. Ces droites jouent un grand rôle dans la géométrie; nous allons donner les propositions fondamentales de leur théorie.

26. Si les deux droites AB, CD sont en même temps perpendiculaires sur la même ligne droite MN, je dis qu'elles sont parallèles; car si elles ne l'étaient pas, prolongées elles finiraient par se rencontrer en un point quelconque O. Il

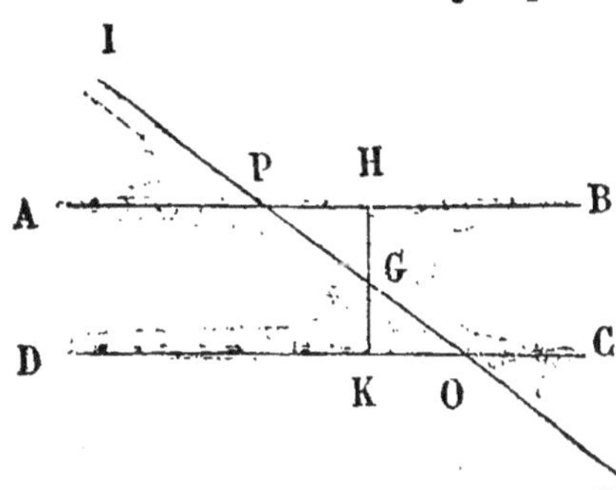

s'ensuivrait alors qu'on pourrait du même point O abaisser deux perpendiculaires sur la même droite, ce qui est impossible (n° 21). Donc, etc., etc.

Réciproquement, lorsque deux droites sont parallèles, toute droite perpendiculaire à l'une d'elles l'est aussi à l'autre. En effet soient AB, CD deux droites parallèles et MN une perpendiculaire à AB. Si elle ne l'est pas en même temps à CD, on pourra au point D élever une perpendiculaire à MN; cette perpendiculaire devra, d'après ce qui précède, être parallèle à AB. Or elle ne pourra pas l'être, car, comme elle ne coïncide pas avec CD, il est évident qu'à mesure qu'on la prolongera une de ses extrémités ira en s'écartant de CD et par suite en s'approchant de AB qu'elle finira par rencontrer. Donc la perpendiculaire élevée à MN au point D doit coïncider avec CD.

27. Lorsque deux droites parallèles AB, CD, sont coupées par une sécante IM, les angles APO, POC sont égaux entre eux ; il en est de même des angles DOP, OPB. On doit bien remarquer que ces angles ne sont pas adjacents, qu'ils sont situés à droite et à gauche de la sécante et compris entre les parallèles. Ils portent le nom d'angles alternes-internes. Réciproquement lorsque, deux droites dans le même plan étant coupées par une sécante, les angles alternes-internes sont égaux, les droites sont parallèles. Du point G, milieu de la droite OP, abaissons une perpendiculaire GH sur AB. Elle sera aussi perpendiculaire sur CD, en vertu de la réciproque du n° 26. Alors

les deux triangles PGH, OGK seront des triangles rectangles égaux ; car leurs hypoténuses PG, GO sont égales comme étant les moitiés de la droite PO ; de plus les deux angles PGH, OGK seront égaux comme opposés au sommet ; donc les deux triangles PGH, GKO seront égaux en vertu du n° 24, *a*. Donc les angles GPH et GOK seront égaux, et de là on déduit sans peine les égalités énoncées.

La réciproque se démontre de même ; il suffit de prouver que HK perpendiculaire sur AB l'est aussi sur CD, du moment où l'on suppose GPH=GOK. Or, dans ce cas, les deux triangles GPH, GOK sont égaux, à cause de GP=GO, GPH=GOK, PGH=OGK ; donc l'angle GKO est égal à l'angle GHP qui est droit, etc., etc.

De l'égalité des angles alternes-internes DOP et BPO, APO et POC on déduit celle des angles alternes-externes, et celle des angles IPA, POD, APO et DOM, etc., que l'on appelle angles correspondants.

28. Deux droites parallèles sont partout situées à la même distance l'une de l'autre.

La distance de deux droites parallèles est la longueur, comprise entre ces deux droites, de leur commune perpendiculaire. Il faut prouver que cette longueur est la même en deux points quelconques A et B d'une de ces

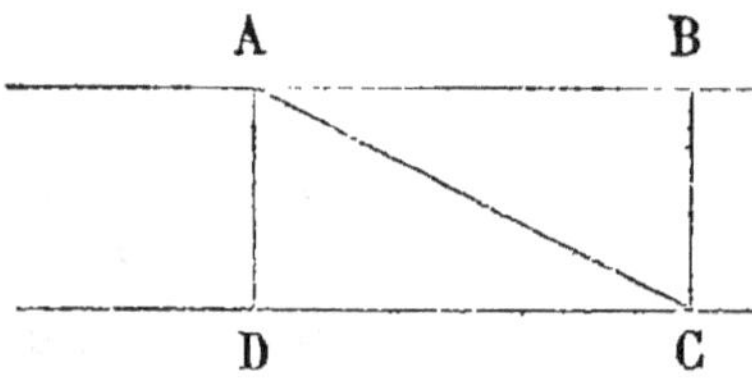

parallèles, c'est-à-dire qué, quels que soient A et B, on a toujours AD=BC. A cet effet, il suffit de joindre AC. Alors, en vertu du n° 27, on a : BAC=ACD, et comme l'hypoténuse AC des deux triangles rectangles BAC, CAD leur est commune, ces deux triangles sont égaux ; donc AD=BC. C. Q. F. D.

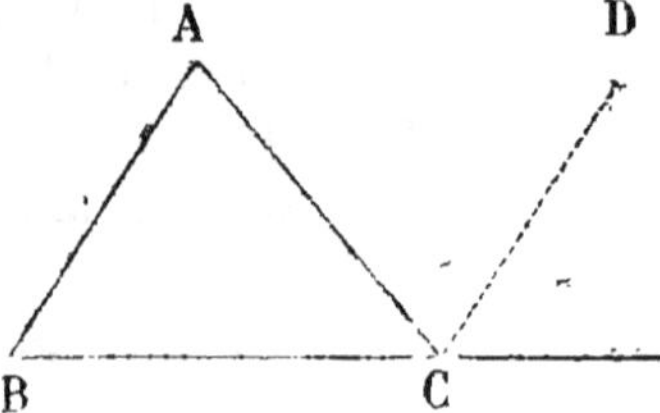

29. On peut démontrer, au moyen des n°s 26 et 27, la proposition suivante, qui est l'une des plus importantes de la géométrie. La somme des angles d'un triangle quelcon-

que est toujours égale à deux angles droits. En effet, prolongeons BC d'une quantité quelconque CO; et par le point C traçons CD parallèle au côté BA. On voit que l'angle A=ACD comme alternes-internes; la sécante est AC; de plus l'angle B=DCO comme correspondants, la sécante est BO : par conséquent les trois angles du triangle valent les trois angles qui ont leur sommet au point C. Or (n° 9), ces trois angles valent deux droits : donc, etc.

30. On doit remarquer que l'angle ACO vaut les deux angles A et B du triangle. Il est formé par le côté AC du triangle ABC, et par CO, prolongement du côté BC. Il porte le nom d'angle extérieur au triangle.

31. Il résulte aussi du n° 29 que toutes les fois que deux triangles auront deux angles égaux, ils auront encore le troisième égal. Alors il suffira, pour qu'ils soient égaux, qu'ils aient en même temps un côté égal situé de la même manière relativement à deux angles égaux, c'est-à-dire adjacent à un angle égal et opposé à un autre angle égal.

En réunissant tous les cas d'égalité définis jusqu'à cette heure, on voit que deux triangles seront égaux lorsqu'ils auront un côté égal et deux autres parties quelconques égales; si le triangle est rectangle, il suffit de l'égalité d'un côté et d'une autre partie, autre que l'angle droit.

Polygones.

32. On nomme en général *polygones* les figures planes qui ont plusieurs côtés; *triangle* celle qui a trois côtés; *quadrilatère* celle qui en a quatre; *pentagone* celle qui en a cinq; *hexagone* celle qui en a six, etc.

Parallélogramme.

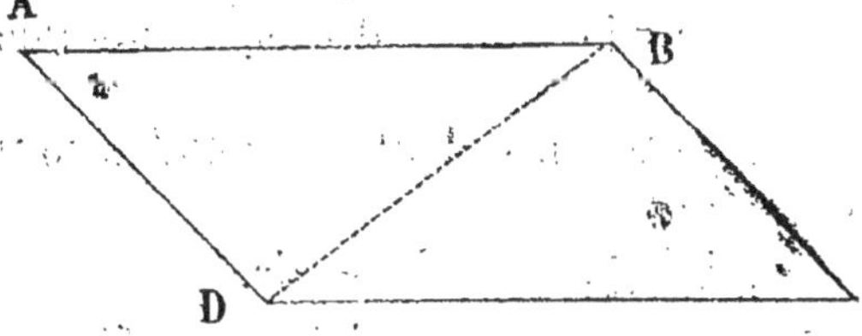

33. On appelle ainsi un quadrilatère dans lequel les côtés opposés sont parallèles. Après avoir tracé la ligne DB, qui porte le nom de *diagonale*, on prou-

verait sans peine que les côtés opposés et les angles opposés sont égaux ; il n'y aurait pour cela qu'à démontrer l'égalité des deux triangles ADB, BDC.

34. Dans tout parallélogramme les deux diagonales se coupent mutuellement en deux parties égales. En effet,

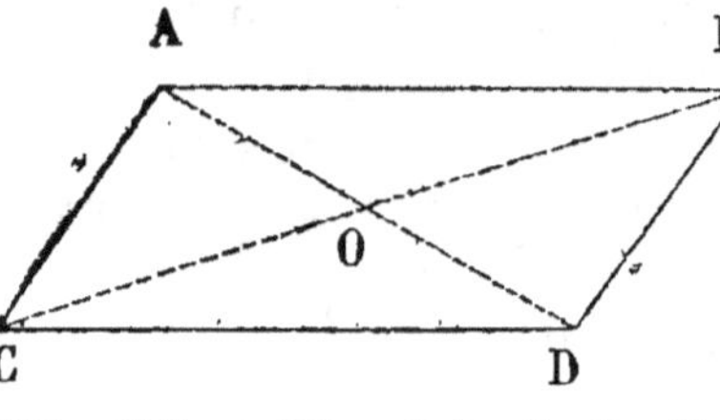

on voit, en comparant les deux triangles AOC, BOD, que le côté BD=AC. L'angle BOD=OCA (n° 27), et l'angle ODB=OAC ; donc (n° 13), les deux triangles sont égaux. Par conséquent BO=OC et OD=OA. C. Q. F. D.

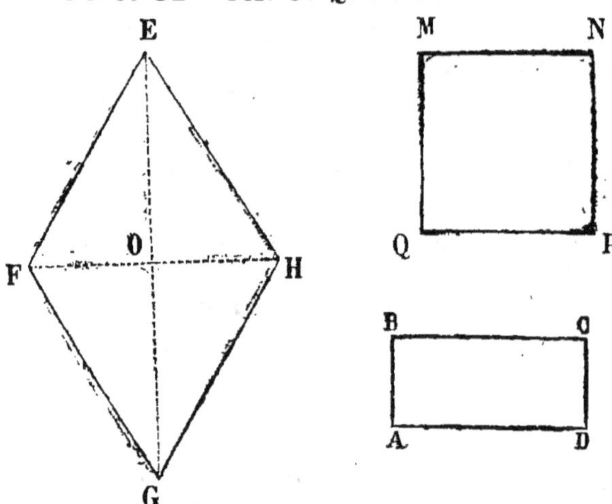

35. Le parallélogramme A B C D, dans lequel les quatre angles sont droits et les côtés adjacents, inégaux, se nomme *rectangle*.

On nomme *carré* le rectangle MNPQ, dans lequel les quatre côtés sont égaux entre eux.

Le parallélogramme EFGH, dans lequel les quatre côtés sont égaux sans que les angles soient droits, se nomme *losange*.

Dans ces deux derniers cas, les deux diagonales sont perpendiculaires entre elles.

§ V. *De la circonférence de cercle.*

36. Nous avons vu n° 5 ce qu'on appelait *circonférence*

de cercle. Nous allons considérer les propriétés principales de cette courbe si importante.

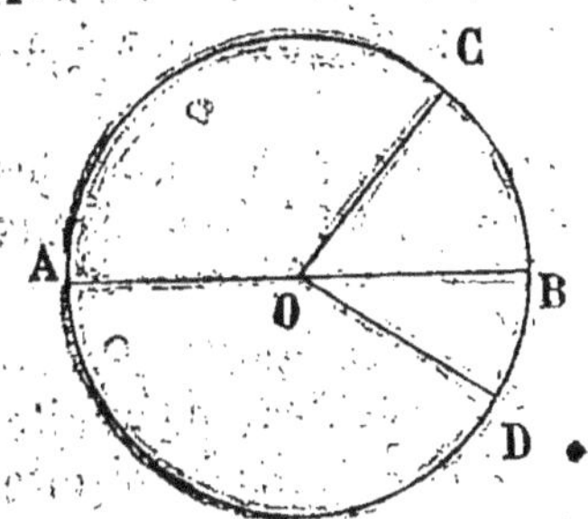

Les lignes droites OB, OC, OA, OD, etc., qui vont du centre à la circonférence, se nomment *rayons*. Tous les rayons sont donc égaux dans le même cercle.

Toute droite AB qui, passant par le centre, aboutit de part et d'autre à la circonférence se nomme *diamètre.* Tous les diamètres sont doubles du rayon. Ils partagent la circonférence en deux parties égales.

Une portion de la circonférence se nomme *arc*, et une ligne droite qui joint les extrémités d'un arc est la *corde* de cet arc.

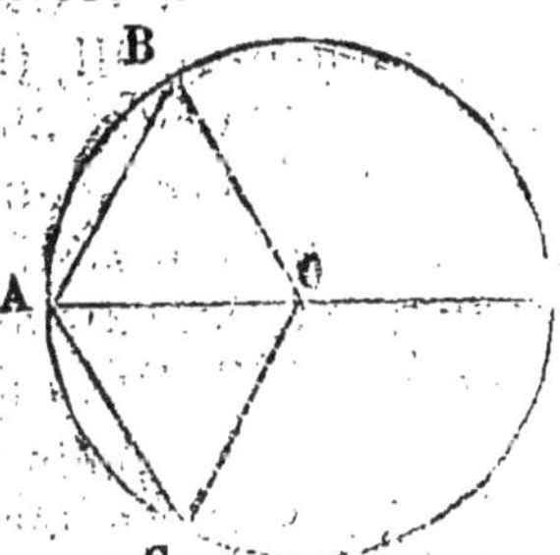

37. Dans le même cercle, si deux arcs AB, AC sont égaux, les cordes qui les sous-tendent doivent être égales.

En effet, plaçons les deux arcs à la suite l'un de l'autre comme la figure le représente, et traçons le diamètre AOM. Si nous faisons tourner la demi-circonférence ACM autour du diamètre, elle devra s'appliquer sur ABM. Or, l'arc AC étant égal à l'arc AB, le point C tombera sur B, et alors nécessairement la corde AC couvrira exactement la corde AB. C. Q. F. D.

38. Supposons actuellement les deux cordes AB, AC égales et prouvons que l'arc AB=AC. (*Figure précédente.*)

Pour cela tirons les rayons BO, CO et le diamètre AM. On a deux triangles AOB, AOC égaux, (nᵒ 15) : donc, si l'on fait tourner le triangle AOC autour de AO, le point C ira s'appliquer sur B, et l'arc AB sera égal à l'arc AC. C. Q. F. D.

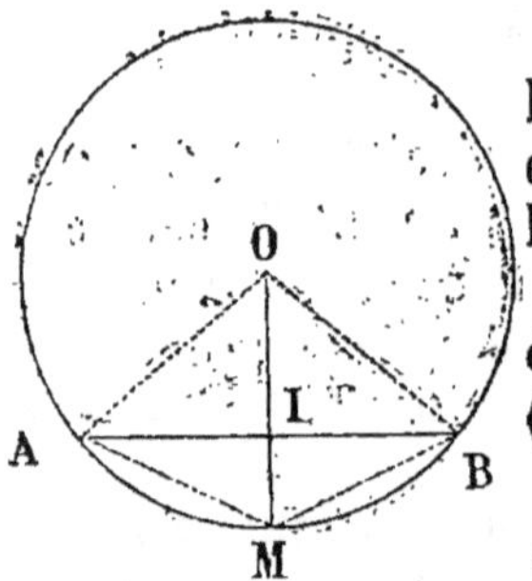

39. Tout rayon OM perpendiculaire à une corde AB partage la corde et l'arc chacun en deux parties égales.

D'abord la corde, parce que les deux triangles AOI, OIB étant égaux (n° 24, *b*), le côté AI=IB.

Ensuite l'arc, parce que les cordes AM, MB étant égales, par suite de l'égalité des triangles AIM, MIB (n° 19), il en résulte que les arcs AM, MB sont égaux : donc, etc.

40. On peut déduire du n° précédent qu'une perpendiculaire élevée sur le milieu d'une corde doit passer par le centre du cercle.

41. Deux cordes également distantes du centre sont égales.

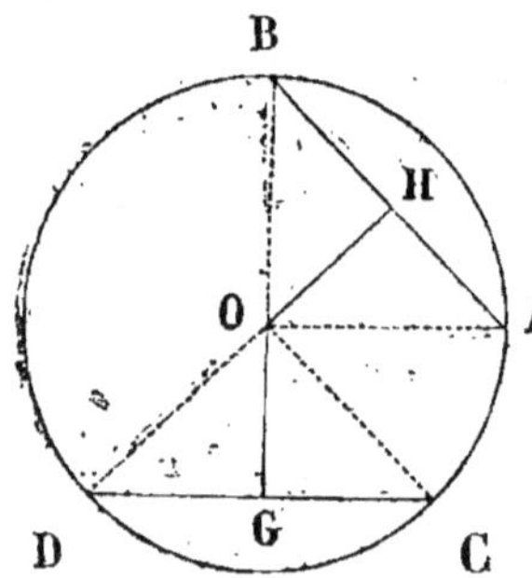

Il faut prouver que l'on a AB=CD si les perpendiculaires OH, OG sont égales. On a BH=AH (n° 39), et DG=GC : si donc on prouve que DG=BH, on aura prouvé que 2DG ou DC=2BH ou BA. Or, dans les triangles rectangles OGD, OBH, on a OD=OB (n° 36), et l'on suppose OG=OH : donc, ces deux triangles sont égaux, donc DG=BH, etc.

On démontre de même que, réciproquement, deux cordes égales sont également éloignées du centre, et qu'une corde est d'autant plus petite qu'elle en est plus distante.

42. Une droite ne peut rencontrer une circonférence en plus de deux points.

Toute droite qui coupe une circonférence en deux points est une *sécante*.

Toute droite qui ne rencontre une circonférence qu'en un seul point, qui ne fait ainsi que là toucher, est une *tangente*.

Toute tangente est perpendiculaire au rayon mené au

point de contact (au point où la tangente touche la circonférence). En effet, le point de contact doit être le point de la tangente le plus rapproché du centre, autrement la tangente pénétrerait dans la circonférence : par conséquent le rayon mené du centre à ce point doit être la plus courte distance du centre à la tangente, et par suite doit être perpendiculaire à celle-ci (nº 22).

43. On peut, au moyen de tout ce qui précède, résoudre quelques problèmes sur la ligne droite et le cercle; en voici quelques-uns des plus simples :

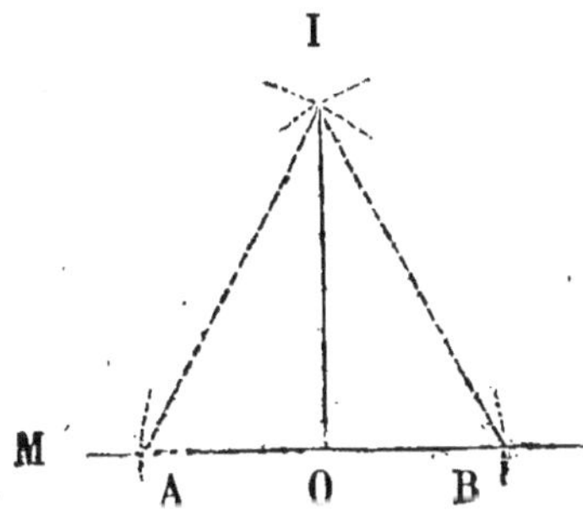

Proposons-nous d'élever une perpendiculaire sur la droite MN par le point O pris sur cette droite : pour cela il faut prendre deux points A et B, également éloignés du point O; puis des points A et B pris pour centres, et avec une ouverture de compas plus grande que BO, on décrira deux arcs qui se couperont au point I, et la ligne IO sera la perpendiculaire cherchée. Car en tirant les lignes IA, IB, on aurait un triangle isocèle IAB, dans lequel (nº 17) la ligne IO est perpendiculaire sur la base.

44. Supposons qu'on veuille abaisser d'un point A une perpendiculaire sur la ligne MN.

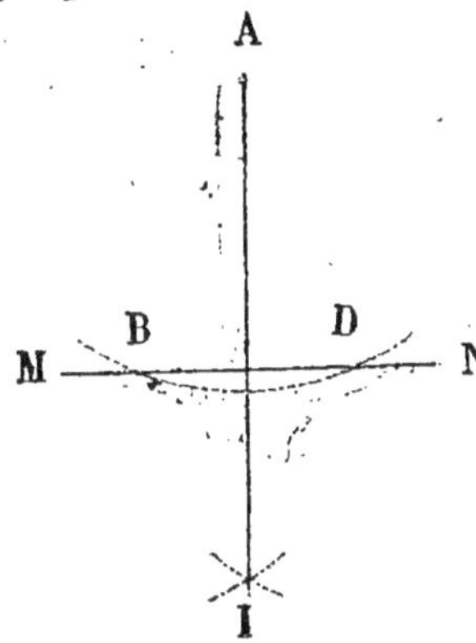

Du point A pris pour centre, et avec une ouverture de compas suffisamment grande, décrivons un arc qui coupe la ligne MN aux points B, D ; puis des points B, D, pris pour centres, et avec une ouverture de compas plus grande que la moitié de DB, décrivons deux arcs qui se coupent au point I, et tirons AI qui sera la perpendiculaire cherchée.

45. On peut, au moyen des deux

n°s 45 et 44', mener par un point quelconque C une parallèle à une droite donnée AB.

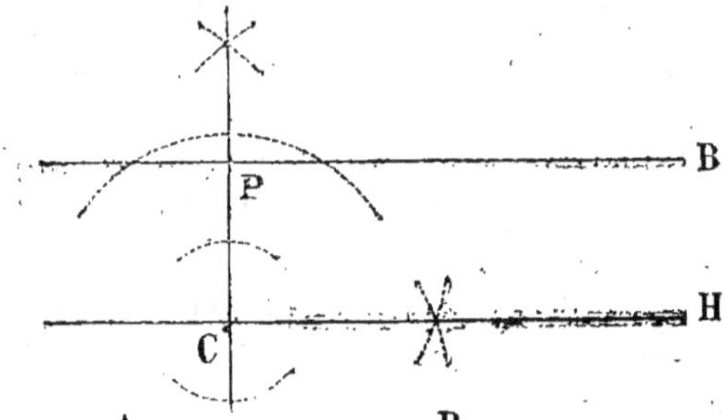

Il suffit pour cela d'abaisser du point C une perpendiculaire CP sur AB, et par le même point C d'élever sur CP une perpendiculaire CH, qui (n° 26) sera la parallèle cherchée.

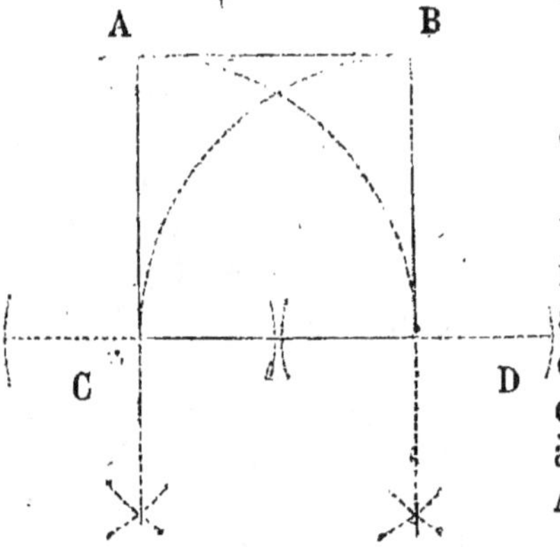

46. Si l'on voulait faire un carré sur la droite CD, il suffirait d'élever, par les autres extrémités C et D de cette droite, deux perpendiculaires CA, BD égales à DC et de tirer la droite AB.

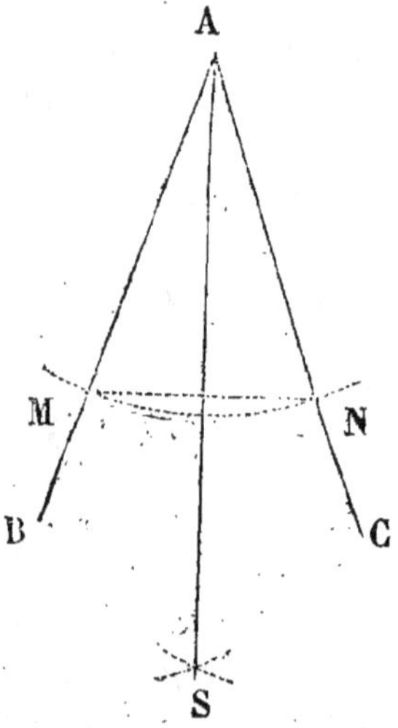

47. Pour diviser en deux parties égales l'angle BAC, du point A pris pour centre et avec une ouverture de compas quelconque, tracez l'arc MN; menez la corde MN, et la ligne AS, abaissée perpendiculairement sur cette corde, divise l'angle BAC en deux parties égales.

48. Faire passer une circonférence de cercle par trois points, A,C,B, non situés en ligne droite.

Joignons d'abord les trois points par les droites AB, CB

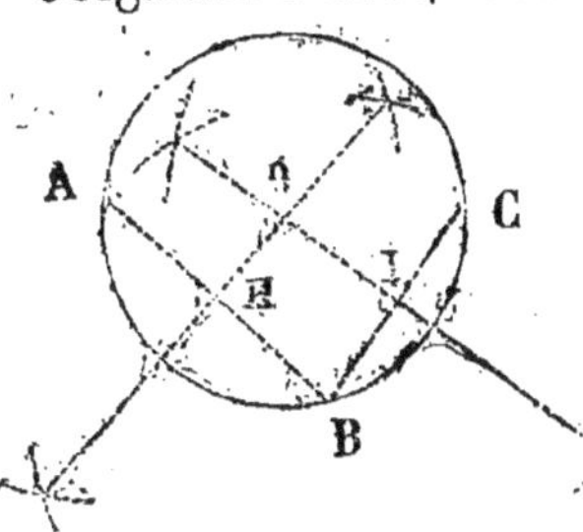

qui seront des cordes. Des perpendiculaires élevées sur leurs milieux se couperont en un point O qui (n° 40) sera le centre du cercle, et si on le décrit avec une ouverture de compas égale à OA, la circonférence passera par les points B et C.

§ VI. *Mesure des angles et division de la circonférence.*

49. Deux angles égaux AOB, DOE, ayant leurs sommets au centre d'une circonférence, comprennent des arcs AB, DE égaux entre eux. En effet, il est clair que les triangles AOB, DOE sont alors égaux : donc les cordes et par suite les arcs AB, DE sont égaux.

50. Il résulte de là qu'un angle double de AOB comprendra un arc double de AB, un angle triple, un arc triple, et ainsi de suite. En général, si deux angles sont dans le rapport de m à n, les arcs qu'ils comprendront seront dans le même rapport. En un mot, les angles ayant leurs sommets au centre d'une circonférence sont proportionnels aux arcs que leurs côtés comprennent sur cette circonférence.

Par suite de cette proportionnalité, un angle peut être mesuré par l'arc décrit de son sommet comme centre, et compris entre ses deux côtés.

On voit que deux diamètres perpendiculaires entre eux partagent la circonférence en quatre parties égales appelées *quadrants*. L'angle droit AOD, par exemple, in-

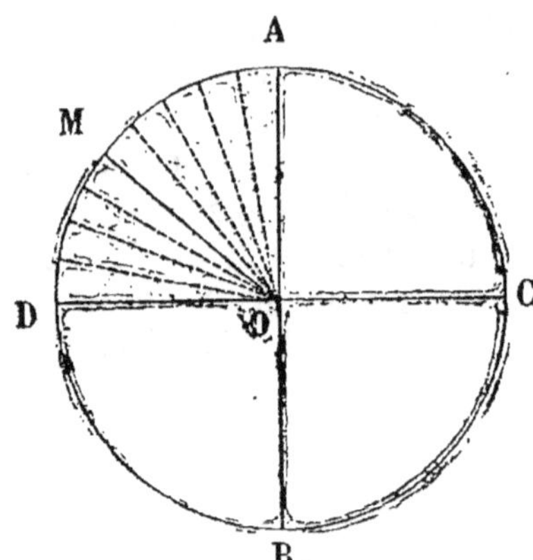

tercepte donc un quadrant entre ses côtés.

Nous prendrons, dans la mesure des angles, l'angle droit pour unité, c'est-à-dire pour terme de comparaison. Ainsi, pour avoir la mesure de l'angle MOD, nous chercherons combien l'arc MD contient de parties égales du quadrant AD divisé. Ce nombre de parties est aussi celui des parties d'angle droit que contient l'angle MOD ; cela se voit en menant des rayons aux points de division ; ainsi, de même que l'angle droit, qui sert d'unité d'angle, a pour mesure le quadrant qui sert d'unité d'arc, de même l'angle quelconque MOD a pour mesure l'arc MD décrit de son sommet comme centre, et compris entre ses côtés.

51. Un angle inscrit a pour mesure la moitié de l'arc compris entre ses côtés.

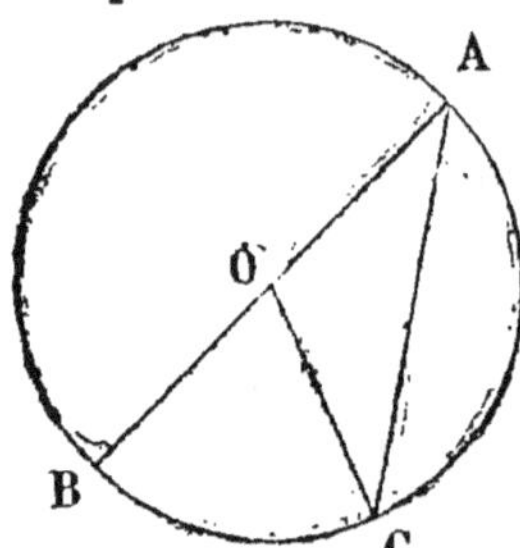

On appelle *inscrit* un angle tel que BAC, qui a son sommet A sur la circonférence ; nous examinerons ici le cas le plus simple, celui où un des côtés de l'angle passe par le centre. Tout angle inscrit peut toujours être décomposé en deux angles de cette espèce par le diamètre passant par son sommet. Si l'on mène le rayon OC, on remarque que le triangle AOC est isocèle, par conséquent (n° 16) l'angle A=C. L'angle extérieur BOC vaut (n° 30) les deux angles A et C, ou deux fois l'angle A. Mais il a pour mesure l'arc BC : donc A a pour mesure la moitié de l'arc BC. C. Q. F. D.

52. De cette proposition on déduit cette conséquence remarquable, que tout angle inscrit dans une demi-circonférence est un angle droit, ou que deux droites me-

nées des extrémités d'un diamètre à un même point d'une circonférence sont perpendiculaires.

53. L'angle ACB, compris entre une tangente et une sécante, passant par le point de contact, a pour mesure la moitié de l'arc CB compris entre le point de contact et le second point d'intersection de la sécante.

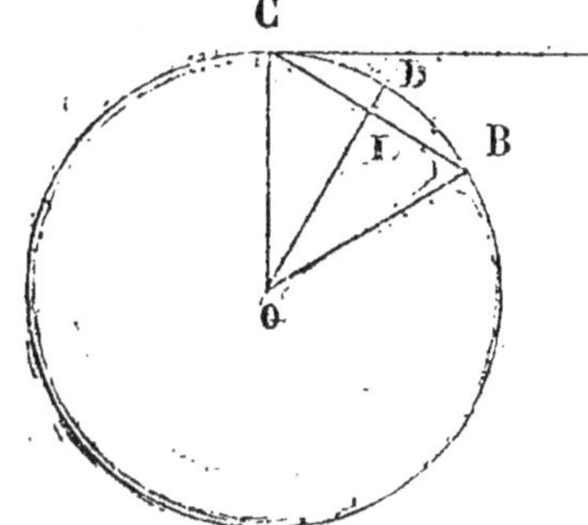

En effet, l'angle ACO étant droit (n° 42), on a ACB égale un angle droit moins OCB ; or, si l'on abaisse OD perpendiculaire sur CB, on aura DOC = un angle droit — OCB (n° 29). Donc, DOC=ACB; or, DOC a pour mesure (n° 50) l'arc CD = $\frac{1}{2}$ CB(n° 39): donc, etc.

54. Pour appliquer la circonférence à la mesure des angles, on l'a d'abord divisée en trois cent soixante parties égales nommées *degrés*. On a divisé le degré en soixante parties égales appelées *minutes;* la minute en soixante parties égales appelées *secondes*. Ainsi, pour représenter un angle dont l'arc contiendrait vingt–cinq degrés quatorze minutes cinquante-cinq secondes, on écrirait : 25° 14 55″, car on est convenu de représenter les mots degrés, minutes et secondes par les signes °, ′, ″.

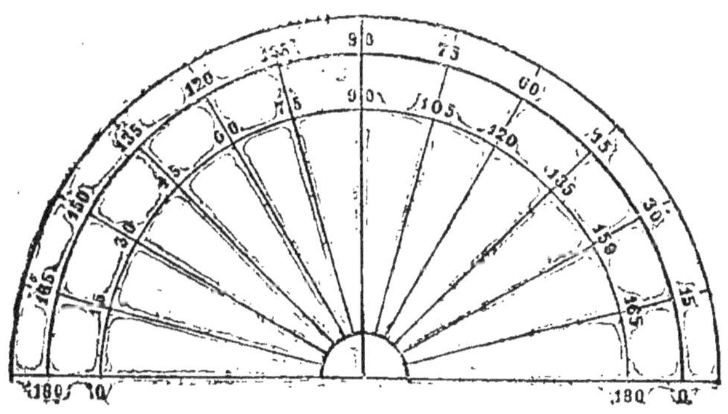

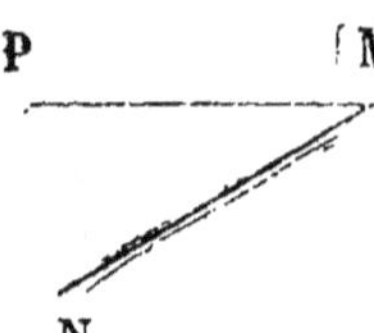

55. Pour connaître la valeur d'un angle, on se sert d'un instrument nommé rapporteur, qui est un demi-cercle gradué comme il vient d'être dit. Ainsi, pour connaître la valeur de l'angle M, on posera un rayon du rapporteur sur le côté PM, de manière à ce que le centre du rapporteur soit sur le sommet M, et l'on remarquera le nombre de degrés, minutes et secondes compris entre les deux côtés MP, MN de l'angle proposé. Les rapporteurs ordinaires étant de petites dimensions ne peuvent guère indiquer que les degrés. Le nombre de minutes s'évalue à l'œil.

On peut, à l'aide de cet instrument, faire sur le papier un angle égal à un angle donné.

CHAPITRE II.

§ I.—*Lignes proportionnelles.*

56. Les numéros des proportions (*Arithmétique*) ayant suffisamment expliqué ce qu'on entend par quantités proportionnelles,

Prouvons maintenant qu'une ligne droite MN, menée parallèlement à l'un des côtés AC d'un triangle ABC, divise les deux autres côtés en parties proportionnelles, de sorte qu'on a la proportion BM:M::ABN:NC.

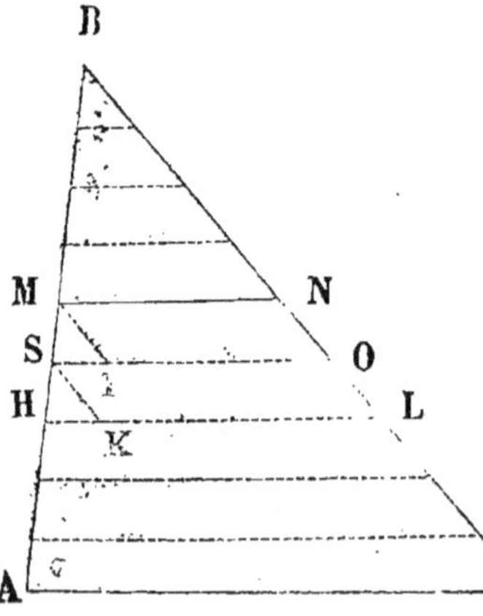

Pour cela supposons que BM et MA soient entre elles comme 5:4, c'est-à-dire que AM étant partagée en cinq parties égales, BM contienne trois de ces parties; par les points de division de BA menez des parallèles à AC. Elles partageront BC en parties égales; car en menant MI, SK parallèles à BC, on voit (n° 13) que les deux triangles MSI, SHK sont égaux ; donc MI=SK. Or, ces lignes sont égales (n° 53) à NO, OL : donc, la ligne BC est divisée en parties égales ; mais BN contient trois de ces parties, NC en contient cinq. Donc le rapport de BN à NC est le même que celui de BM à MA, et l'on a

$$BM : MA : : BN : NC. \text{ C. Q. F. D.}$$

On peut déduire de là le moyen de diviser une droite AB en parties égales. Il suffit de mener la droite AC quelconque et de porter, à partir du point A, des longueurs égales en nombre égal à celui de parties dans lesquelles on veut diviser la droite AB. On joint ensuite l'extrémité B de cette droite avec l'extrémité M de la dernière longueur, et l'on mène des parallèles par les points intermédiaires H, K, L. Ces parallèles diviseront la droite AB en parties égales AC, CD, DE, EB ; car ces parties seront entre elles comme les parties égales AH, HK, KL, LM.

57. On résout de même le problème de la *quatrième proportionnelle*, qui consiste à trouver la longueur d'une droite telle qu'on ait la proportion

$$A : B : : C :$$

la ligne cherchée.

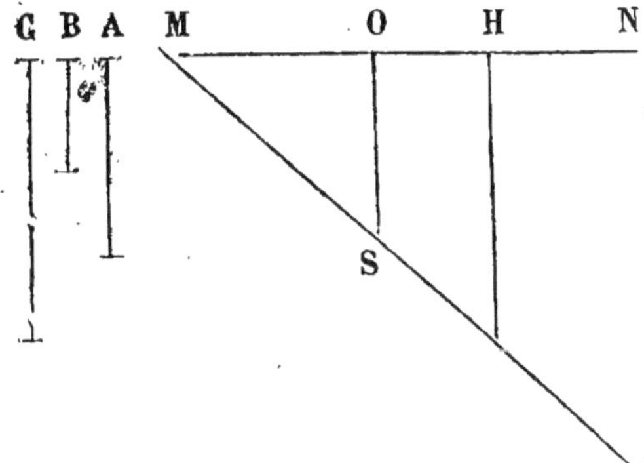

Pour la trouver tirons sous un angle M quelconque deux droites indéfinies MN, MP. Prenons sur MN la distance MO=A et OH=B, et sur MF la distance MS=C. Joignons OS, et par le point H tirons HT parallèle à OS ; ST sera la ligne cherchée. Car, en vertu du numéro précédent, on a :

$$MO : OH :: MS : SI.$$

ou bien

$$A : B :: C : ST.$$

§ II. *Figures semblables.*

58. Pour que deux figures soient semblables il faut que les angles de l'une soient respectivement égaux à ceux de l'autre, et que les côtés de la première soient proportionnels aux côtés de la seconde, qui sont opposés aux angles égaux. Ces côtés se nomment côtés homologues.

59. Cependant, pour faire un triangle semblable au triangle ABC, il suffit de faire un triangle DEF, dont les trois angles D, E, F soient égaux aux trois angles A, B, C ; car la proportionnalité des côtés en résulte.

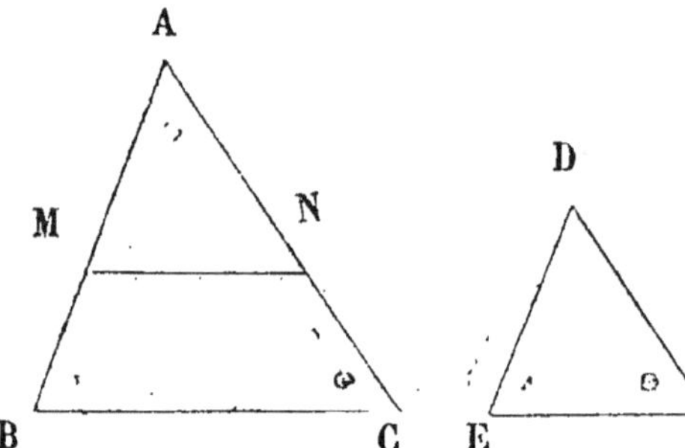

En effet, si l'on place l'angle D sur A et qu'on prenne AM=DE et AN=DF, le triangle AMN= DEF ; donc l'angle AMN=B, et la ligne MN est parallèle à BC (n° 27, réciproque). Elle divise par conséquent les côtés AB, AC en parties proportionnelles et l'on peut déduire du n° 56, AB : AM ou DE :: AC : AN ou DF. En plaçant successivement l'angle F sur C, et l'angle E sur B et faisant les mêmes opérations, on verra que les côtés homologues sont proportionnels, et que par conséquent les deux triangles sont semblables [1].

60. On pourrait encore faire un triangle semblable à un triangle donné en le faisant de telle sorte que ses côtés

---

[1] Il résulte du n° 29 qu'il suffit pour que deux triangles soient semblables, qu'ils aient seulement deux angles égaux.

fussent proportionnels à ceux du triangle donné, car l'égalité des angles en résulterait.

En effet, soient ABC, DEF, deux triangles tels que l'on ait AB : BC : AC : : DE : EF : DF. Sur AB prolongée por-

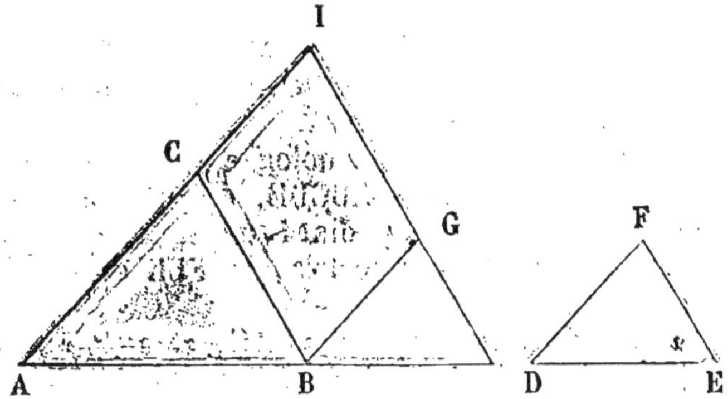

tons BH=DE ; puis menons HG parallèle à BC et BG parallèle à AC. On aura (n° 59) BH ou DE : AB : : GH : BC ; mais nous avons admis DE : AB : : FE : BC ; donc FE= GH ; on prouve de même que BG=DF : donc le triangle GBH, dont les angles sont égaux à ceux du triangle ABC, est égal au triangle DFE, comme ayant ses trois côtés égaux aux siens : donc les angles des triangles ABC, DEF sont égaux, C.Q.F.D.

64. Il n'en est pas des polygones comme des triangles.

Il ne suffit pas, pour faire deux polygones semblables,

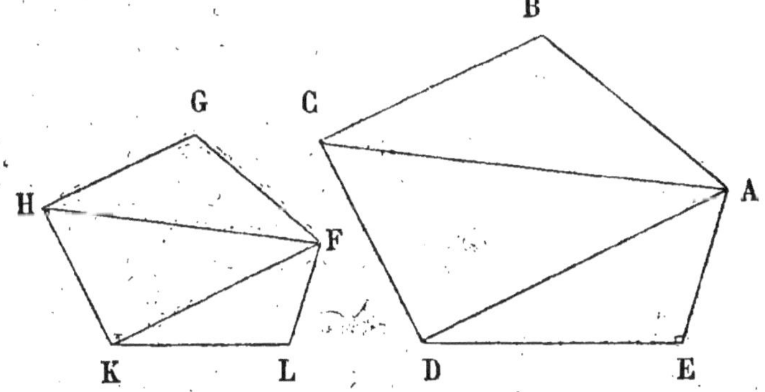

qu'ils aient seulement leurs angles respectivement égaux,

ou seulement leurs côtés homologues proportionnels; il faut les deux conditions réunies; car il est évident qu'un carré et un rectangle ont leurs angles égaux et ne sont pourtant pas semblables, puisque leurs côtés homologues ne sont pas proportionnels.

De même un carré et un losange ont leurs côtés homologues proportionnels et ne sont pourtant pas semblables, car ils n'ont pas leurs angles égaux.

Pour faire sur la ligne LK, homologue de ED, un polygone semblable au polygone ABCDE, tracez d'abord les diagonales AC, AD; faites au point L un angle=E, et au point K l'angle LKF=EDA; le triangle FLK sera semblable au triangle AED (n° 52).

Au point F faites l'angle KFH=DAC, et au point K l'angle FKH=HDC; le triangle FKH sera semblable au triangle ACD.

Faites de la même manière le triangle FGH semblable au triangle ACB, et le polygone FGHKL sera le polygone cherché.

En effet, il a tous ses angles égaux à ceux du polygone proposé, et ses côtés proportionnels à leurs homologues dans ce même polygone.

62. Pour trouver une moyenne proportionnelle à deux lignes M, N, c'est-à-dire une droite A telle que l'on ait A : M :: N : A,

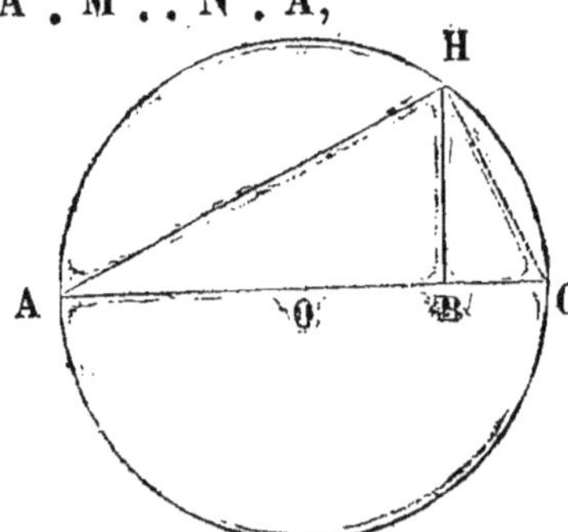

Prenons AB=M, BC=N; du point O, milieu de AC, et avec AO pour rayon, décrivons un cercle; AC sera un diamètre. Par le point B, élevons BH perpendiculaire sur AC, HB sera la ligne cherchée; car, si l'on mène les cordes AH, HC, il sera facile de prouver que les deux triangles ABH, HBC sont semblables au triangle AHC, et, par conséquent, semblables entre eux : ils donneront donc la proportion AB ou M : HB :: HB : BC ou N. C. Q. F. D.

§ III. *Figures équivalentes et mesure des surfaces.*

63. La *surface* d'une figure est la portion de l'espace comprise entre les limites de cette figure.

On appelle figures équivalentes les figures qui ont la même surface. Ainsi, un triangle, un cercle, un carré, etc., peuvent être équivalents en surface.

On entend par hauteur d'un triangle la perpendiculaire abaissée du sommet sur la base ou sur le prolongement de la base : et par hauteur d'un parallélogramme, la perpendiculaire commune aux bases supérieure et inférieure.

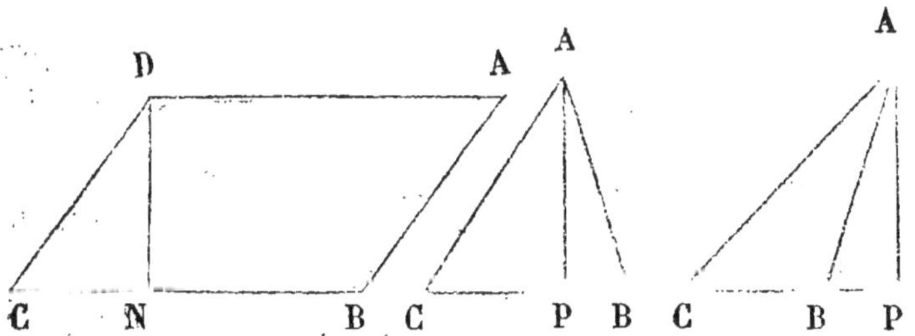

Ainsi, AP est la hauteur du triangle ABC, et DN est celle du parallélogramme ABCD.

64. Deux parallélogrammes de même base et de même hauteur sont équivalents entre eux.

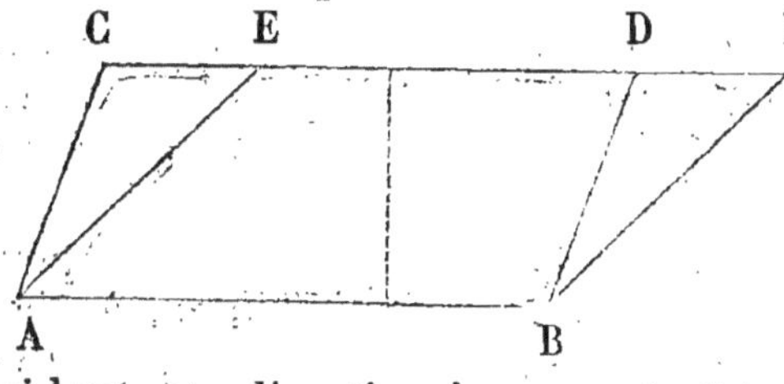

En effet, soient ABCD, ABFE, deux parallélogrammes dont nous avons fait coïncider les bases égales ; les côtés CD, EF coïncident en direction à cause de l'égalité de hauteur. Les deux triangles CAE, DBF étant évidemment égaux, l'on a : CAE+AEDB=DBF+AEDB ou ABCD=ABFE. C. Q. F. D.

65. Un triangle quelconque est équivalent à la moitié d'un parallélogramme de même base et de même hauteur que lui.

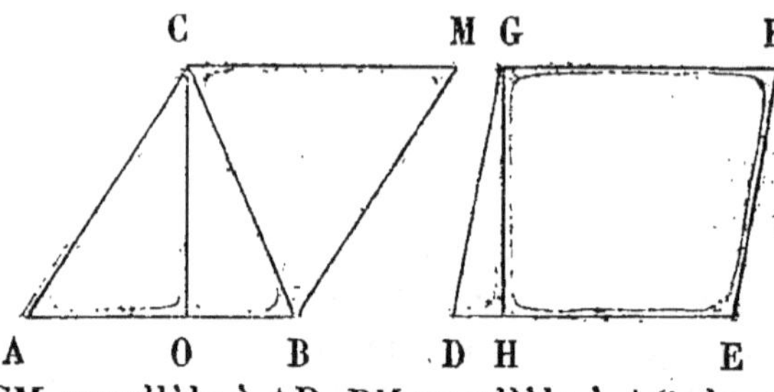

Soient ABC et DEFG, un triangle et un parallélogramme ayant mêmes bases et mêmes hauteurs. Menons CM parallèle à AB, BM parallèle à AC, le parallélogramme ABMC sera équivalent au parallélogramme DGEF (nº 64). D'ailleurs, les triangles ACB, BCM étant visiblement égaux, on a ABC$=\frac{1}{2}$ABMC, donc ABC$=\frac{1}{2}$DEFG. C. Q. F. D.

66. Il résulte immédiatement des deux numéros précédents que tous les triangles de même base et de même hauteur sont équivalents.

67. Deux parallélogrammes de mêmes bases et de hauteurs différentes ont leurs surfaces proportionnelles à leurs hauteurs.

On sent immédiatement la vérité de cette proposition en changeant les deux parallélogrammes en deux rectangles équivalents.

68. On voit de même que deux parallélogrammes de mêmes hauteurs et de bases différentes ont leurs surfaces proportionnelles à ces bases.

69. Il résulte des deux numéros précédents que les surfaces de deux parallélogrammes quelconques sont proportionnelles aux produits respectifs de leurs bases par leurs hauteurs.

En effet, soient P, P′ les surfaces de deux parallélogrammes ayant l'un pour base b et pour hauteur h, l'autre pour base b' et pour hauteur h'; soit p la surface d'un parallélogramme intermédiaire, ayant pour base b et pour hauteur h', on aura (nº 67) $P:p::h:h'$, et (nº 68) $p:P'::b:b'$, d'où en multipliant les deux proportions $P:P'::bh:b'h'$.

70. Cette proportionnalité des surfaces des parallélogrammes aux produits de leurs bases par leurs hauteurs a

fait prendre ces produits pour mesures de ces surfaces. On prend alors pour unité de surface la surface d'un carré ayant pour côté l'unité de longueur, de telle sorte que dans la proposition du numéro précédent on a $P'=1$, $b'=1$, $h'=1$, d'où $P=bh$.

71. En vertu des n°s 65 et 70, un triangle aura pour mesure la moitié du produit de sa base par sa hauteur.

72. La surface d'un trapèze est égale à la somme des deux bases parallèles, multipliée par la moitié de la hauteur.

On appelle trapèze un quadrilatère qui a deux côtés parallèles. Ces côtés en sont les bases.

Or, si nous considérons le trapèze ABCD, nous voyons, en menant la diagonale AC, qu'il se décompose en deux triangles ADC, ACB, qui ont tous les deux la même hauteur AP que le trapèze, et qui ont pour base, l'un la base inférieure DC du trapèze, et l'autre la base supérieure AB. On voit donc que la surface du trapèze qui vaut les deux triangles est égale à la somme de ses bases multipliée par la moitié de sa hauteur.

73. La surface d'un polygone quelconque peut se mesurer en la décomposant en triangles, ou bien l'on peut encore convertir le polygone en un triangle unique équivalent.

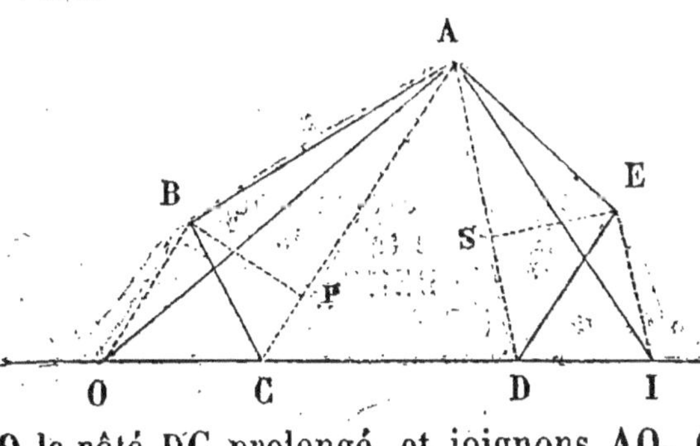

Traçons pour cela la diagonale AC; par le point B, tirons parallèlement à AC la ligne BO qui rencontre en

O le côté DC prolongé, et joignons AO. On voit que le

triangle ABC qui fait partie du polygone peut être remplacé par le triangle AOC qui lui est équivalent, puisqu'ils ont la même base AC et la même hauteur BP. Le pentagone peut donc être remplacé par le quadrilatère AODE. Par une construction semblable, celui-ci peut être remplacé par le triangle AOI.

74. Le carré construit sur l'hypoténuse d'un triangle rectangle est équivalent à la somme des carrés construits sur les deux autres côtés.

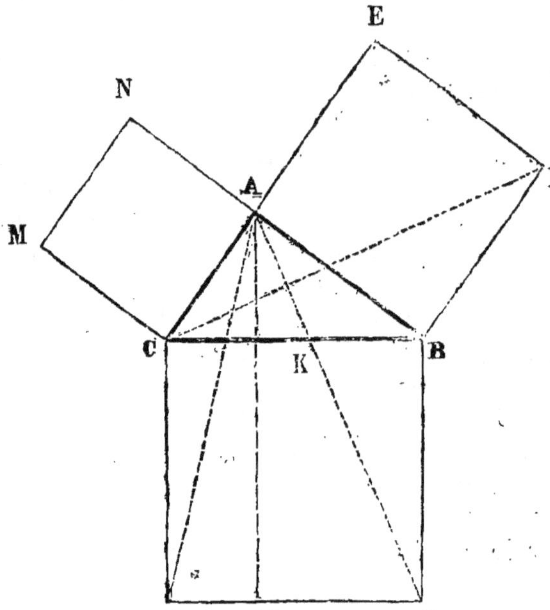

En effet, considérons le triangle rectangle ABC. Abaissons du point A sur l'hypoténuse une perpendiculaire AK, qui, prolongée, partage le carré de l'hypoténuse en deux rectangles CFHK et KHGB. Tirons les lignes DC et AG. Le triangle BCD est égal au triangle ABG à cause de CBD=DBA+ABC=CBG+ABC=ABG et de BD=BA, BC=BG. D'un autre côté, le triangle DBC est équivalent à la moitié du carré ABDE comme ayant même base BD et même hauteur DE. De même le triangle ABG est équivalent à la moitié du rectangle BKHG comme ayant même base BG et même hauteur HG.

Par conséquent, ce carré et ce rectangle, dont les moitiés sont égales, doivent être équivalents. Par une construction semblable, on prouverait que le rectangle BFHK est équivalent au carré ABMN. Par conséquent, le carré de l'hypoténuse, qui est la réunion des deux rectangles KHGB, CFKH, est équivalent à la somme des deux carrés ABDE, ACMN, C. Q. F. D.

75. Cette propriéé du triangle rectangle donne le moyen de construire un carré équivalent à la somme ou à la différence de deux carrés P. Q.

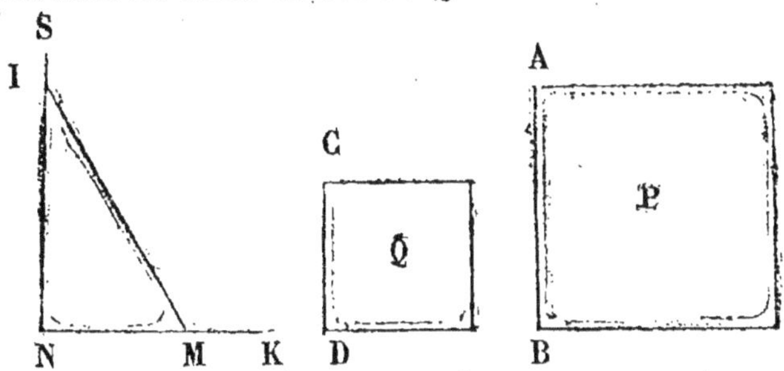

1° Pour en faire un équivalent à leur somme, tirons deux lignes indéfinies NS, NK, qui se coupent à angle droit. Prenons sur l'une d'elles une distance NI égale au côté AB du carré P, et sur l'autre une distance NM=au côté CD du carré Q. Tirons IM, qui sera évidemment le côté du carré cherché, car elle est l'hypoténuse d'un triangle rectangle dont les côtés de l'angle droit sont les côtés des carrés donnés.

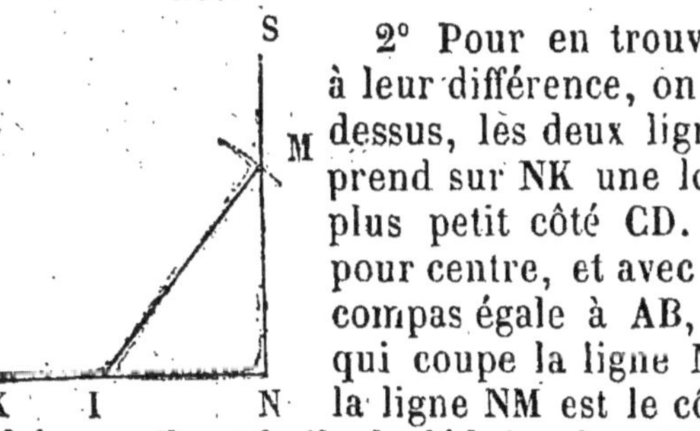

2° Pour en trouver un équivalent à leur différence, on tire, comme ci-dessus, les deux lignes NS, NK. On prend sur NK une longueur NIS=au plus petit côté CD. Du point I pris pour centre, et avec une ouverture de compas égale à AB, on décrit un arc qui coupe la ligne NS au point M, et la ligne NM est le côté du carré cherché : car il est facile de déduire du n° 74 que le carré de MN est égal au carré de MI ou P moins le carré de NI ou Q.

76. Dans un triangle quelconque (non rectangle) le carré fait sur un des côtés AB est égal à la somme des car-

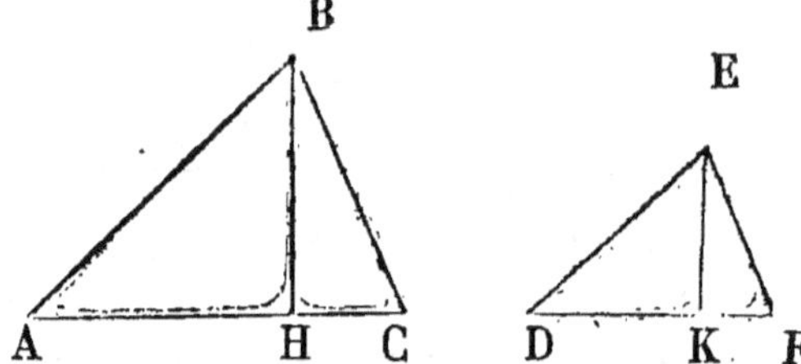

rés faits sur les deux autres côtés BC, AC, diminuée ou augmentée, selon que l'angle opposé C est aigu ou obtus, du double du rectangle fait sur le côté AC et sur la portion DC de cette droite interceptée par une perpendiculaire abaissée du point B, extrémité de l'autre côté.

Cette proposition se déduit aisément de celle du n° 74.

77. Les surfaces de deux triangles semblables sont proportionnelles aux carrés des côtés homologues.

En effet, ces deux surfaces ont pour valeur $\frac{1}{2}$ AC$\times$BH, et $\frac{1}{2}$ DF$\times$EK. Leur rapport est donc (AC$\times$BH) : (DF$\times$EK) ou (AC : DF) $\times$ (BH : EK). D'ailleurs, les deux triangles rectangles BHC, EKF sont semblables à cause de l'égalité des angles C et F, H et K (n° 59, note) : on a donc BH : EK=BC : EF, d'ailleurs les deux triangles ABC, DEF étant semblables, par hypothèse on a BC : EF(AC : F, donc BH : EK=AC : DF et par suite le rapport AC:DF)$\times$ (BH : EK) des surfaces des deux triangles devient AC ^{2} : DF ^{2}. C. Q. F. D.

§ IV. *Polygones réguliers.*

78. Quand on réunit deux à deux les points de division d'une circonférence divisée en parties égales, la figure ainsi formée s'appelle polygone régulier ; elle a ses angles et ses côtés égaux ; elle porte de plus le nom de polygone inscrit, quand ses sommets sont situés sur la circonférence.

79. Le plus simple des polygones réguliers est le trian-

gle équilatéral. Nous verrons n° 82 comment on peut l'inscrire dans une circonférence.

80. Le carré est le polygone régulier de quatre côtés; on l'inscrit dans une circonférence en menant deux diamètres perpendiculaires ; les extrémités de ces diamètres seront les sommets du carré.

81. Le *pentagone* est le polygone régulier à cinq côtés. Nous verrons n° 84 comment on peut l'inscrire dans une circonférence.

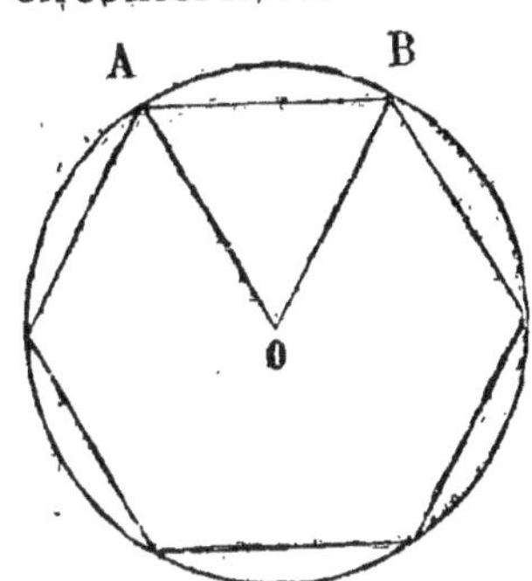

82. L'*hexagone* est le polygone de six côtés. La longueur du côté d'un hexagone inscrit dans une circonférence est égale au rayon de cette circonférence. En effet, l'angle AOB est évidemment un sixième de quatre angles droits ou $\frac{4}{6}$ ou $\frac{2}{3}$ d'un angle droit; les angles OAB, OBA étant égaux, sont chacun égaux à la moitié de deux angles droits, diminuée de la moitié de la moitié de AOB, ou à $\frac{1}{2}$ $(2 - \frac{2}{3})$ angle droit ou à $\frac{2}{3}$ d'un angle droit. Donc les trois angles du triangle AOB sont égaux, donc ce triangle est équilatéral, donc AB=OB. C. Q. F. D.

Pour inscrire un hexagone régulier dans une circonférence il suffit donc de porter six fois son rayon sur celle-ci.

On inscrira un triangle équilatéral en joignant les trois sommets non contigus de l'hexagone.

83. Les polygones de sept et de neuf côtés n'ont guère d'importance ; ceux de huit, seize, trente-deux, etc., côtés se déduisent du carré.

84. Le *décagone* est le polygone régulier de dix côtés. La longueur du côté d'un décagone inscrit divise celle du rayon en *moyenne* et *extrême raison*, c'est-à-dire que la longueur AB du côté du décagone est moyenne proportionnelle entre le rayon OB et ce qu'il reste de ce rayon lorsqu'on en retranche AB; de sorte que le côté du

décagone est donné par la proportion : AB : OB :: OB —AB : AB.

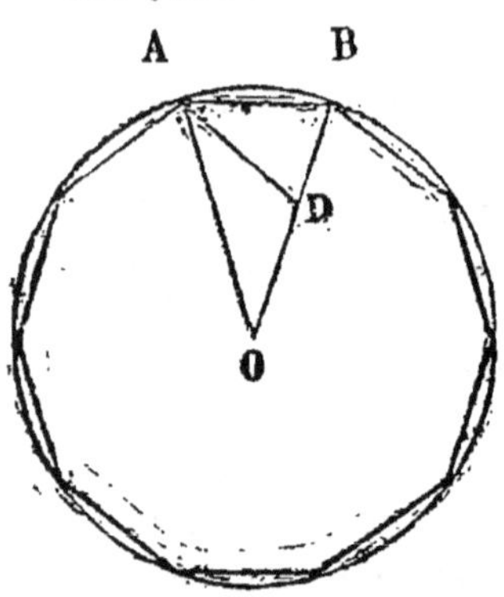

Menons la droite AD=AB, de sorte que le triangle ABD est isocèle. L'angle AOB est égal à $\frac{4}{10}$ de quatre angles droits ou à $\frac{4}{10}=\frac{2}{5}$ d'un droit. Les angles ABO, BAO sont donc chacun égal à $\frac{1}{2}$ $(2-\frac{2}{5})$ d'un droit$=\frac{4}{5}$ d'un droit. L'angle ADB=DBA=$\frac{4}{5}$ d'un droit, donc DAB $= 2$ d. $-\frac{8}{5}$ d $= \frac{2}{5}$ d =AOB. Le triangle DAB est donc semblable au triangle AOB, et l'on a AB : OB :: BD : AB; mais l'angle DAO=BAO—DAB=$\frac{4}{5}d$. $-\frac{2}{5}$ $d=\frac{2}{5}$ $d.=$ AOB; donc le triangle DAO est isocèle et l'on a OD=DA=AB, et par suite BD =OB—OD=OB —AB, donc la proportion précédente devient : AB : OB :: OB—AB : AB. C. Q. F. D.

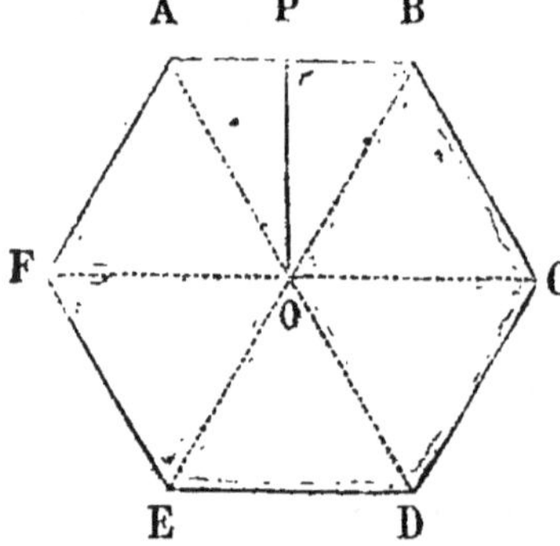

85. La surface d'un polygone régulier est égale à son contour ABCDEF, multiplié par la moitié de la ligne OP, perpendiculaire abaissée sur un côté du polygone, depuis le centre O du cercle dans lequel le polygone est inscrit.

En effet, si l'on mène les lignes OA, OB, OC, OD, etc., le polygone se trouve partagé en triangles égaux AOB, BOC, COD, etc. Or, si l'on considère l'un de ces triangles AOB, on sait qu'il a pour mesure sa base AB multipliée par la moitié de sa hauteur OP. On peut faire la même remarque sur chacun des triangles ; donc, leur somme ou la surface du polygone est égale à la somme des bases, c'est-à-dire au contour du polygone multiplié par la moitié de la ligne OP, qui est la hauteur commune à tous ces triangles. C. Q. F. D.

86. Actuellement, si nous considérons la circonférence

comme un polygone régulier d'un nombre infini de côtés infiniment petits, nous pourrons dire que sa surface est équivalente à celle d'un rectangle qui aurait pour base une droite d'une longueur égale à la circonférence et pour hauteur la moitié du rayon.

Le *cercle*, c'est-à-dire la surface comprise dans une circonférence, aura donc pour mesure la circonférence multipliée par la moitié du rayon.

87. Un polygone circonscrit à une circonférence est un polygone formé de droites tangentes en différents points de cette circonférence. Lorsque ces points sont à égale distance l'un de l'autre, le polygone est régulier.

On démontre absolument de la même manière qu'au n° 86 que la surface d'un polygone circonscrit est égale à son contour multiplié par le rayon du cercle inscrit.

§ V. *Rapport de la circonférence au diamètre.*

88. On démontre sans peine que deux circonférences de cercle quelconques sont proportionnelles à leurs rayons ou à leurs diamètres, ou, en d'autres termes, que le rapport de la circonférence au diamètre est le même pour tous les cercles.

La détermination de ce rapport est assez difficile, nous ne la développerons pas ; nous nous contenterons de donner une idée de la principale méthode employée pour y arriver, celle des *isopérimètres*. On a un polygone régulier d'un nombre m de côtés, inscrit à une certaine circonférence et circonscrit à une autre. On peut calculer les rayons de ces circonférences. On peut ensuite prendre un polygone régulier d'un nombre $2m$ de côtés, mais ayant le même contour, lui inscrire et circonscrire des circonférences nouvelles et calculer leurs rayons. En opérant de même sur des polygones de $4m$, de $8m$, etc. côtés, on obtient sans cesse de nouvelles circonférences et de nouveaux rayons ; mais comme on suppose que le contour de ces polygones, dont le nombre de côtés va toujours en doublant, reste le même, il faut nécessairement que les deux circonférences inscrite et circonscrite aillent en se resserrant et se rapprochant l'une de l'autre ; par suite, les valeurs que l'on obtient pour les rayons de ces deux circonférences vont en s'approchant sans cesse l'une de l'autre ; après un assez grand nombre d'opérations ces valeurs ne diffèrent plus que très-peu, par exemple ne diffèrent que par la huitième ou la neuvième décimale : alors les deux circonférences coïncident sensiblement entre elles et avec le polygone, de sorte que le contour de celui-ci, qui est connu, peut être pris pour le contour de ces circonférences ; en divisant donc la valeur connue de ce contour par la valeur calculée des deux rayons presque égaux, on a le rapport cherché de la circonférence au diamètre.

Ce rapport ne peut être représenté exactement par aucun nombre fini ; il est égal à $\frac{22}{7}$ à 0,01 près, et à $\frac{355}{113}$ à 0,000001 près ; en décimales, il est à peu près 3,1415927 ; ce nombre est suffisamment approché pour la pratique. Cependant il s'est trouvé des personnes assez patientes pour calculer ce rapport jusqu'à la 155e décimale.

On a longtemps cherché à construire géométriquement la longueur d'une circonférence dont on connaît le rayon, ou le côté d'un carré ayant la même surface qu'un cercle de rayon donné. C'était le fameux problème de la *quadrature du cercle*, problème qui est maintenant reconnu impossible à résoudre.

CHAPITRE III.

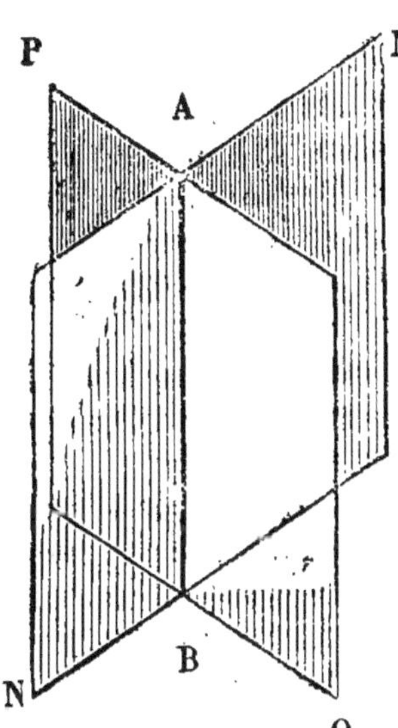

Nous allons, dans le courant de ce chapitre, considérer des lignes dirigées d'une manière quelconque dans l'espace, et situées dans des plans quelconques.

89. Il a été donné (n° 4) une définition du plan, d'après laquelle on voit que l'intersection de deux plans MN, PQ, est une ligne droite; car si, par deux points A et B de leur intersection, on tire une droite AB, elle sera en même temps dans l'un et l'autre plan : cette droite ne pourra donc être que leur intersection.

90. Par une même ligne droite on peut faire passer une infinité de plans ; on le voit en tournant les unes après les autres les feuilles d'un livre.

Deux droites AB, CD qui se coupent sont dans un même plan, et suffisent pour en déterminer la position.

Car, si nous faisons passer un plan suivant la ligne AB, nous pourrons la faire tourner autour de cette ligne ; mais dès qu'il aura rencontré le point C, sa position sera déterminée, et les deux droites AB, AC seront situées toutes dans ce plan, puisque chacune d'elles aura deux points communs avec lui.

Il résulte de là que trois points suffisent aussi pour déterminer un plan.

91. La quantité plus ou moins grande dont deux plans qui se coupent s'écartent l'un de l'autre porte le nom d'angle, ou inclinaison des deux plans.

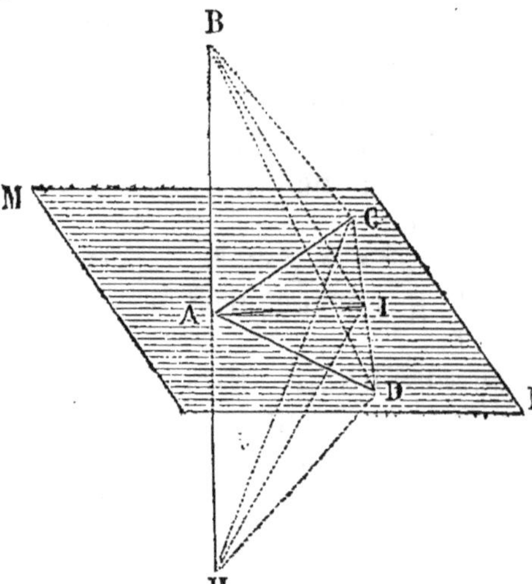

On mesure cette inclinaison par l'angle BAC que forment deux perpendiculaires à l'intersection MP, et tracées, l'une dans le plan MN, l'autre dans le plan PQ, par un même point A pris à volonté sur l'intersection des deux plans; ainsi, les deux plans seraient perpendiculaires entre eux si l'angle BAC était droit.

92. Une ligne droite est dite perpendiculaire à un plan quand elle fait des angles droits avec toutes celles qu'on pourrait tracer par son pied dans ce plan.

Il suffit, pour qu'une droite BA soit perpendiculaire à un plan, qu'elle le soit à deux droites AC, AD, tracées par son pied dans ce plan, car dès qu'elle l'est à deux, elle l'est à une autre quelconque AI, et par conséquent au plan.

En effet, tirons d'une manière quelconque, dans le plan MN, une droite DC, qui coupe les trois lignes AC, AI, AD en trois points C, I, D, et joignons ces points avec le point B et avec un point H situé sur le prolongement de BA, à la même distance du plan que le point B.

En vertu du n° 19, les deux triangles BAC, ACH sont égaux ; il en est de même des deux triangles BAD, ADH ; donc BC=CH et BD=DH ; par conséquent (n° 13) le triangle

CBD=DCH, et donne l'angle HDI=BDI ; (alors nº 14) les deux triangles BID et IDH sont égaux, et le côté BI=IH. Il résulte de là que le triangle BAI=IAH ; mais les deux angles BAI, HAI sont adjacents, et, puisqu'ils sont égaux, ils doivent être droits (nº 5) : donc la ligne BA est perpendiculaire sur AI. C. Q. F. D.

Plans parallèles.

On entend par plans parallèles deux plans qui ne se rencontrent jamais, quelque loin qu'on les prolonge.

93. Les droites AB,CD, qui servent d'intersection à deux plans parallèles MN, PQ, coupés par un troisième plan RS, sont parallèles.

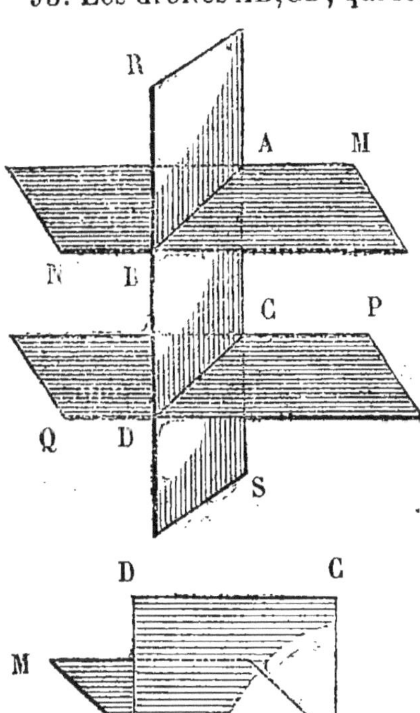

En effet, si ces deux droites, qui sont comprises dans le même plan RS, pouvaient se rencontrer, il faudrait que les deux plans MN, PQ, qui les contiennent aussi respectivement, pussent se rencontrer, ce qui ne peut avoir lieu puisqu'ils sont parallèles : donc elles le sont aussi. C. Q. F. D.

94. Si une droite CD est parallèle à une autre AB, située dans un plan MN, elle doit être parallèle à ce plan.

Car, si elle pouvait le rencontrer, cela devrait avoir lieu en quelque point de la ligne AB, ce qui ne peut être puisqu'elle est parallèle à AB : donc elle est aussi parallèle au plan. C. Q. F. D.

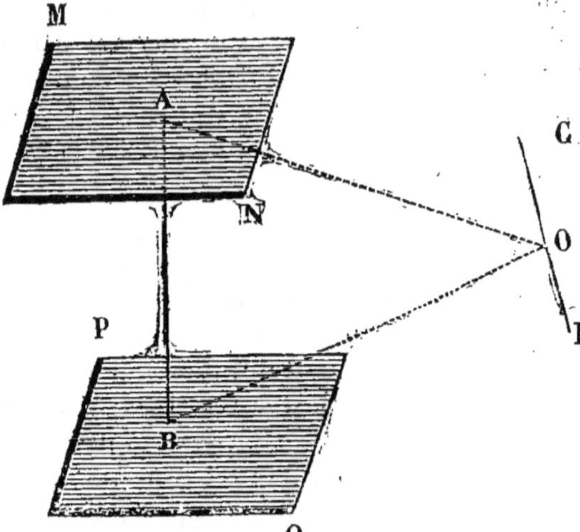

95. Si deux plans MN , PQ ont une perpendiculaire commune, AB, ils sont parallèles, soit CD leur intersection. Joignons un point O de cette intersection avec les points A et B où la perpendiculaire les rencontre ; or, les angles OAB, OBA sont droits , puisque la ligne AB est perpendiculaire aux deux plans: donc il résulterait de la rencontre des deux plans que du même point O on pourrait abaisser deux perpendiculaires sur la même droite, ce qui est impossible (n. 21).

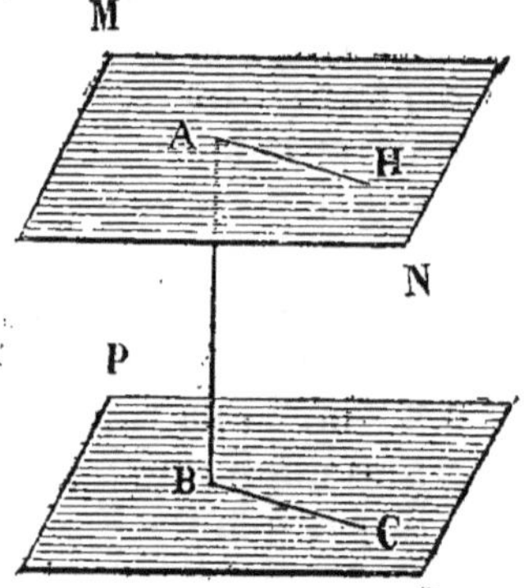

96. Si les deux plans MN , PQ, étant parallèles, une droite AB est perpendiculaire à l'un d'eux MN , elle le sera aussi à l'autre PQ.

En effet, traçons dans le plan PQ, et par le point B, une droite quelconque BC ; si par les deux droites AB et BC nous conduisons un plan, il coupera (nº 93) le plan MN, suivant une droite AH, parallèle à BC. Or AB, étant perpendiculaire au plan MN, est perpendiculaire à AH, et doit (nº 25) l'être à sa parallèle BC ; mais BC ayant été tracé d'une manière arbitraire par le point B dans le plan PQ, il s'ensuit que AB est perpendiculaire à toute droite tracée par son pied dans le plan PQ, et par conséquent au plan (n° 92).

97. Si deux lignes parallèles, AB, CD, sont comprises entre deux plans parallèles, MN, PQ, elles doivent être égales.

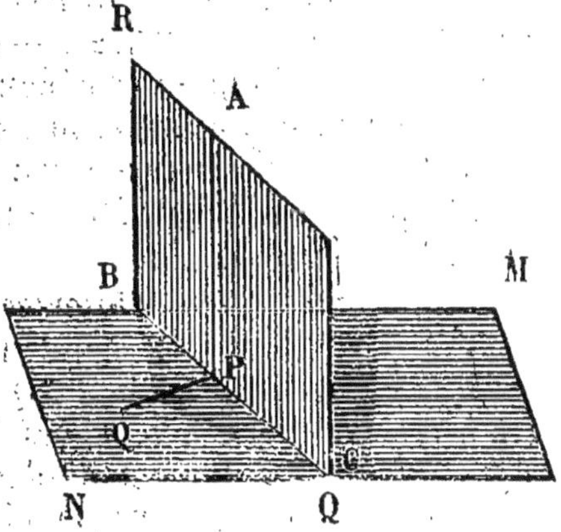

En effet, si par ces deux parallèles on mène un plan AD, ce plan coupera les deux plans MN, PQ suivant deux lignes droites AC, BC qui (n° 72) seront parallèles : par conséquent, la figure ABCD est un parallélogramme dans lequel (n° 33) on voit que le côté AB doit être égal à CD. C. Q. F. D.

98. Si une ligne AP est perpendiculaire au plan MN, un plan RQ, conduit suivant cette ligne, sera aussi perpendiculaire au plan MN.

En effet, par le pied P de la perpendiculaire AP, menons dans le plan MN la droite PO perpendiculaire à l'intersection BC des deux plans MN, RQ. Il est évident que l'angle APO sera droit, puisque la ligne AP est perpendiculaire au plan ; mais (n° 31) cet angle mesure l'inclinaison du plan RQ sur le plan MN : donc les deux plans sont perpendiculaires l'un à l'autre. C. Q. F. D.

99. Si le plan RQ est perpendiculaire au plan MN, et si, par un point P de l'intersection BC des deux plans, on mène dans le plan RQ la ligne AP, perpendiculaire à l'intersection BC, cette ligne AB sera perpendiculaire au plan MN.

En effet, menons par le point P et dans MN la droite

PO perpendiculaire à BC. Il est clair que l'angle APO doit mesurer l'inclinaison du plan RQ sur le plan MN. Or cet angle doit être droit, puisque les deux plans sont perpendiculaires entre eux : donc la ligne AP étant perpendiculaire à deux droites PO, BC, tracées par son pied dans le plan MN, est aussi perpendiculaire au plan.

100. Les plans RQ et MN étant toujours perpendiculai-

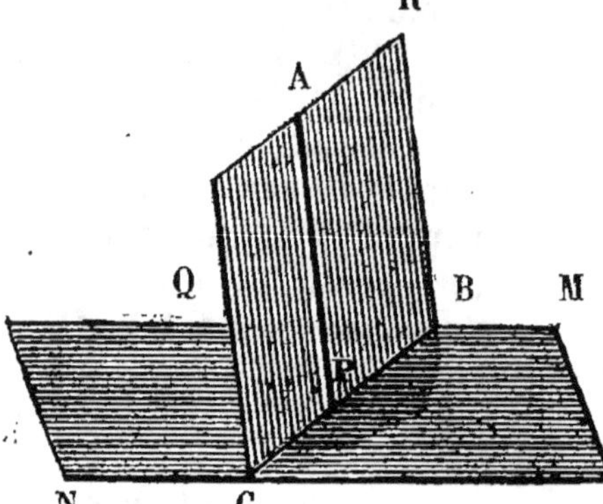

res entre eux, si par un point P de leur intersection on élève une perpendiculaire PA au plan MN, elle devra se trouver dans le plan RQ.

Car si elle n'y était pas, on pourrait conduire suivant les deux droites AP, BC, un plan qui devrait nécessairement (n° 98), être perpendiculaire au plan MN, et alors, suivant l'intersection commune, BC passeraient par deux plans perpendiculaires au plan MN, ce qui est absurde. Donc il est impossible que la droite AP se trouve ailleurs que dans le plan RQ : elle doit par conséquent être tout entière dans ce plan. C. Q. F. D.

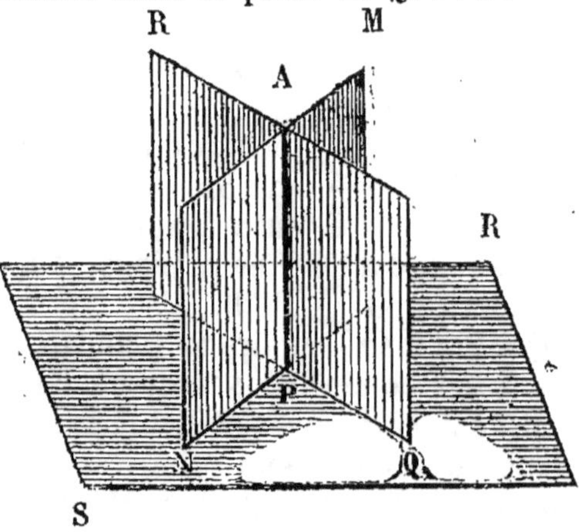

101. L'intersection AP de deux plans MN, RQ, perpendiculaires à un troisième plan RS, est perpendiculaire à ce plan ; car d'après le n° 100 une perpendiculaire au plan RS élevée par le point P de ce plan doit se trouver à la fois

dans les deux plans MN, RQ. Elle doit donc être leur intersection AP, qui est par conséquent perpendiculaire au plan.

102. CD étant une droite située dans le plan MN, si du point A situé en dehors on abaisse deux perpendiculaires, l'une AP au plan, l'autre AB à la droite CD, la droite PB qui joint les pieds de ces perpendiculaires sera perpendiculaire à CD.

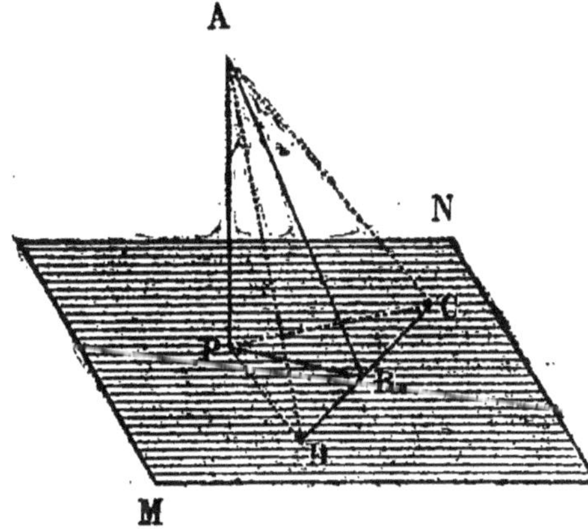

Portons sur CD, à partir du point B, deux longueurs égales à BC, BD, et joignons AC, AD, PC, PD. On aura le triangle ABC=ABD. Donc AC=AD ; par suite, le triangle APC =APD. D'où PC=PD, et comme BC=BD, les triangles PBD et PBC seront égaux ; donc les angles adjacents PBD, PBC seront égaux, donc ils seront droits. C. Q. F. D.

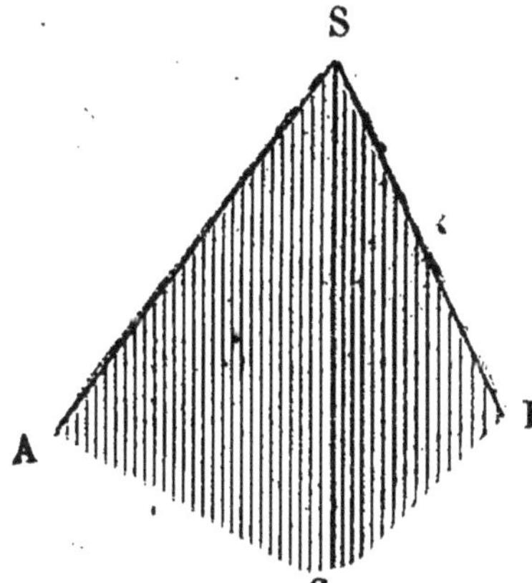

103. Lorsque trois plans se coupent en un même point ils y forment un *angle trièdre;* les angles formés deux à deux par ces plans sont les angles *dièdres.* Les angles ASB, ASC, CSB formés par les intersections des plans sont les *faces* de l'angle trièdre ; le point S en est le *sommet,* et les droites SA, SB, SC, en sont les *arêtes.*

Deux angles trièdres sont égaux lorsqu'ils ont leurs faces égales chacune à chacune et semblablement disposées. Si les faces étaient égales, mais différemment disposées, les deux trièdres ne seraient que *symétriques;* les angles trièdres seraient encore égaux dans les deux trièdres; mais ceux-ci ne pourraient se superposer. On comprendra aisément la différence qu'il y a entre égalité et symétrie par la figure suivante :

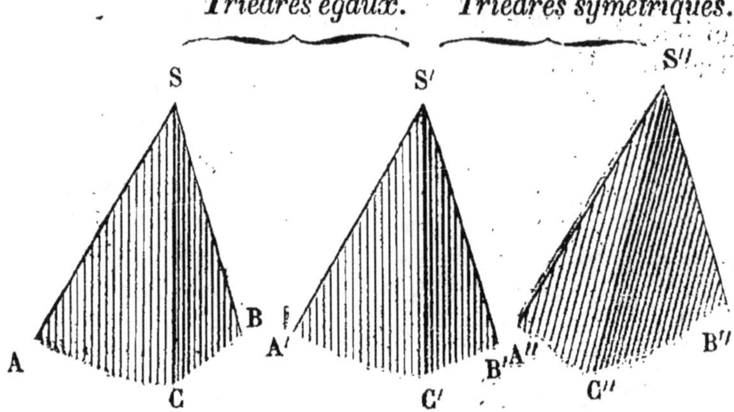

104. Lorsqu'un nombre quelconque de plans se coupent en un même point, ils forment un *angle polyèdre.*

On conçoit et l'on démontre facilement que la somme des faces ou angles plans d'un angle polyèdre (qui n'a pas de faces rentrantes) doit toujours être plus petite que quatre angles droits.

CHAPITRE IV.

Polyèdres.

105. Nous allons passer maintenant à la considération des corps solides, c'est-à-dire des corps qui ont les trois dimensions de l'étendue : longueur, largeur et hauteur; ils portent le nom général de *polyèdres.*

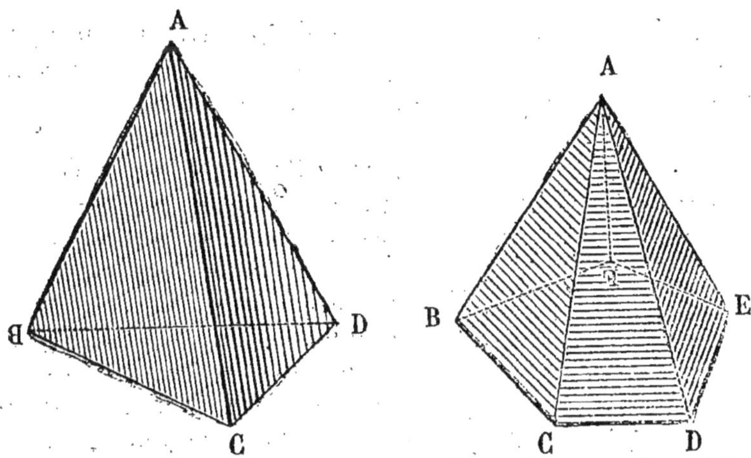

106. Si l'on coupe les trois faces d'un angle trièdre par un quatrième plan qui rencontre les arêtes aux points B, C, D, on aura un solide à quatre faces qui se nomme *pyramide triangulaire*, parce que la face BCD qui lui sert de *base* est un triangle.

107. Si l'angle solide A était formé par plus de trois plans triangulaires, alors le plan sécant qui rencontrerait les arêtes aux points B,C,D,E,F formerait un polygone, et la pyramide serait dite *pyramide polygonale*. Le point A où concourent les plans triangulaires se nomme le *sommet* de la pyramide et la face opposée au sommet en est la *base*. La perpendiculaire abaissée du sommet sur la base est la *hauteur* de la pyramide.

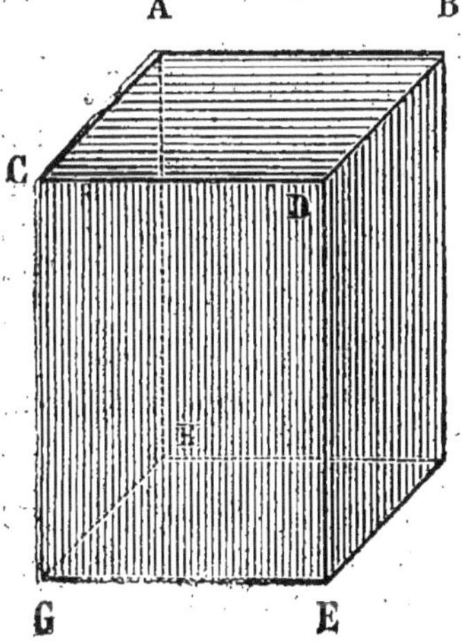

108. Examinons d'abord le solide connu sous le nom de *parallélipipéde* rectangle, qui jouera parmi les solides le même rôle que le rectangle parmi les surfaces : il nous servira à connaître la mesure des polyèdres, c'est-à-dire l'évaluation de leur volume.

109. Le parallélipipède rectangle est un solide ABCDE FGH dont toutes les faces sont des rectangles, y comprises la

face supérieure ABCD et la face inférieure GHFE, qui sont les bases du parallélipipède. La perpendiculaire commune aux deux bases est la hauteur du parallélipipède.

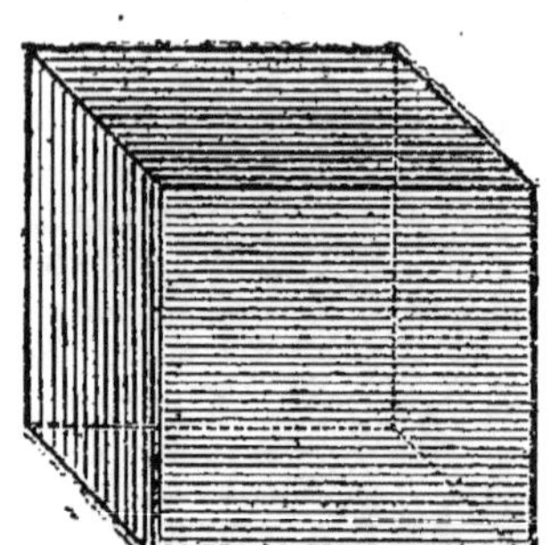

110. Quand la base inférieure GHFE est un carré et qu'on prend GF, EF, ED égales, les faces sont des carrés égaux, et le solide ainsi formé prend le nom de *cube*. Tout le monde a vu un dé à jouer (par exemple). Le cube est le solide qui sert d'unité dans la mesure des volumes, comme le carré au chap. II (n° 70) en a servi dans la mesure des surfaces.

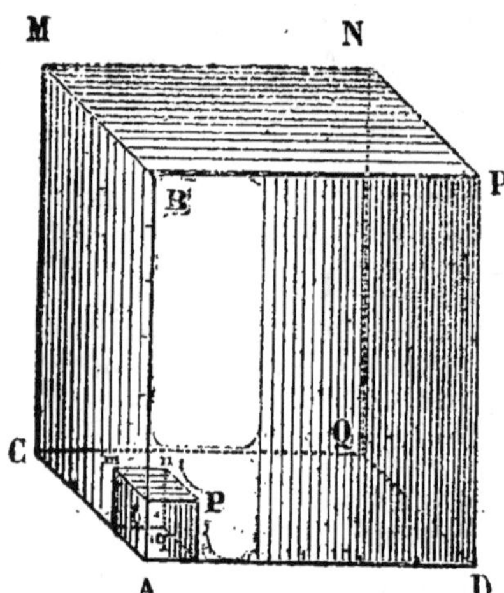

111. Le volume d'un parallélipipède rectangle a pour mesure le produit de sa base par sa hauteur, ou, ce qui est la même chose, le produit des trois arêtes AD, AC, AB, qui concourent au même point A, et dont l'une, AB, est la hauteur du parallélipipède, tandis que les deux autres AC, AD, multipliées entre elles, en donnent la base. Cette manière de s'exprimer suppose un raisonnement analogue à celui que nous avons fait (n° 70) dans l'évaluation du rectangle, c'est-à-dire qu'il faut admettre une unité de volume relative à l'unité de longueur.

Ainsi, si l'on suppose que AD contienne six fois l'unité de longueur, que AC la contienne trois fois, et que la hauteur AB la contienne sept fois, le parallélipipède MBPNCADQ contiendra $6 \times 3 \times 7$ fois, ou 126 fois le petit cube *mbpncadq*.

En effet, si par chacun des points de division de AD

on mène des plans parallèles à la face ABMC, il est clair qu'on partagera le parallélipipède proposé en six parallélipipèdes égaux entre eux. Menant par les points de division de AC des plans parallèles à la face ABPD, on fait dans chacun des six parallélipipèdes trois nouveaux parallélipipèdes, tous égaux entre eux et dont le nombre total est par conséquent égal à 6×3 ou 18. Enfin, si nous menons par chacun des points de division de la hauteur AB des plans parallèles à la base ACQD, nous ferons dans chacun des dix-huit parallélipipèdes sept petits cubes tous égaux au cube que nous avons pris pour unité de volume, et dont le nombre total est représenté par $6 \times 3 \times 7$ ou 126. Or, la réunion de ces cubes forme la solidité du parallélipipède proposé.

On peut donc dire qu'il a pour mesure le produit des trois arêtes AD, AC, AB. Si l'on observe que le produit des deux arêtes AB, AC donne (n° 70) la surface du rectangle ADQC qui sert de base au parallélipipède, on peut dire aussi que le volume d'un parallélipipède rectangle a pour mesure le produit de sa base par sa hauteur.

112. On établirait cette proposition d'une manière plus rigoureuse en suivant une marche analogue à celle que nous avons suivie pour les parallélogrammes. Ainsi on prouverait d'abord que deux parallélipipèdes rectangulaires qui ont des bases égales sont entre eux comme leurs hauteurs, et que deux parallélipipèdes qui ont même hauteur sont entre eux comme leurs bases. On déduit de là ensuite que deux parallélipipèdes rectangulaires quelconques ont leurs volumes dans le rapport des produits de leurs bases par leurs hauteurs. Par suite en prenant pour unité de volume le cube dont le côté est l'unité de longueur, on pourra dire que le volume d'un parallélipipède rectangulaire est égal au produit de sa base par sa hauteur. C'est aussi par une marche analogue que l'on arrive à la mesure d'un parallélipipède quelconque, en passant par les deux propositions suivantes :

113. Le parallélipipède ABCDMNPO dans lequel les deux bases ABCD, MNOP, sont des parallélogrammes situés dans des plans perpendiculaires aux autres AM, PD, CO, BN, s'appelle parallélipipède droit.   4

Ce parallélipipède pourrait être changé en un parallélipipède rectangle DIKCHLOP qui aurait même hauteur que lui et une base équivalente. En effet le parallélipipède droit ABCDMNPO est égal au solide IDCBNHPO plus le solide ADIHPM, et le parallélipipède rectangle DIKCLOP est égal au même solide IDCBNHPO plus le solide BCKLON. Ce dernier est évidemment égal au solide ADIHPM; car toutes leurs parties correspondantes sont égales à cause du parallélisme des lignes et des plans qui les composent. Or, ce

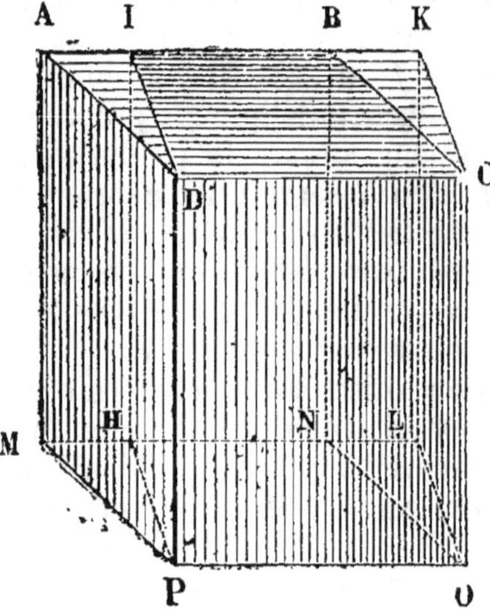

dernier a pour mesure sa base par sa hauteur, d'après le numéro précédent. Donc un parallélipipède droit a aussi pour mesure sa base par sa hauteur.

114. Le parallélipipède ABCDEFGH, dans lequel les six faces sont des parallélogrammes quelconques, est nommé parallélipipède oblique.

Ce parallélipipède peut être changé en un parallélipipède droit ABCDMNPQ, qui a la même base ABCD que lui et la même hauteur. Or, d'après le numéro précédent, ce dernier a pour mesure le produit de sa base par sa hauteur: donc le parallélipipède oblique a aussi pour mesure le produit de sa base par sa hauteur.

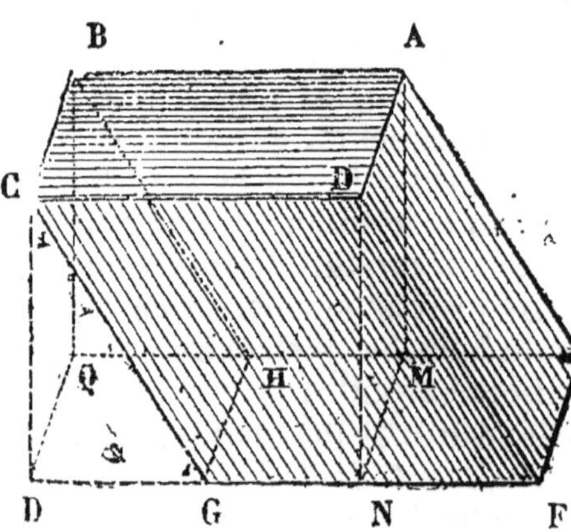

115. On voit donc qu'un parallélipipède quelconque a pour mesure le produit de sa base par sa hauteur.

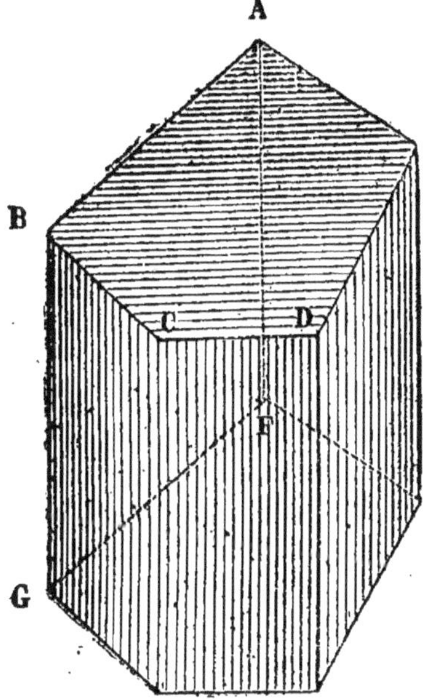

116. Le solide ABCDE FGKM dont toutes les faces latérales sont des parallélogrammes quelconques, et dont les bases supérieures et inférieures sont deux polygones égaux et parallèles, est nommé *prisme*.

Suivant que les bases sont des triangles, des quadrilatères, etc., le prisme est appelé triangulaire, quadrangulaire, etc.

117. Un prisme triangulaire a pour mesure le produit de sa base par sa hauteur.

En effet, considérons le prisme triangulaire ABC DEF. Par les points D et E, menons les lignes DN et EN parallèles aux lignes FE, DF, et achevons le prisme ABM DEN qui est équivalent au prisme proposé; or, tous deux réunis ils composent le parallélipipède AMBCD NEF; par conséquent, chacun d'eux en est la moitié et a pour mesure le produit de sa hauteur par sa base, qui est, comme on le voit (n° 65), la moitié de celle du parallélipipède.

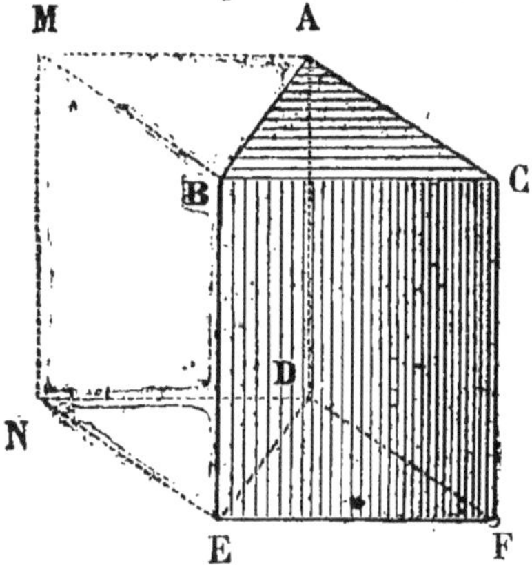

118. Un prisme quelconque ABCDEFGHKL a aussi pour mesure le produit de sa base par sa hauteur.

En effet, on peut remarquer par la construction des

plans AGLD, BDLH, que le prisme proposé se décompose en prismes triangulaires. Or, chaçun d'eux a pour mesure

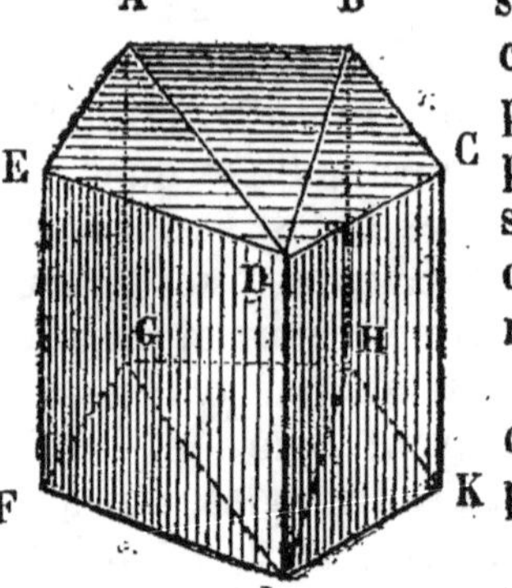

sa base (qui est une partie de celle du prisme proposé) multipliée par sa hauteur : donc le prisme proposé, qui est égal à leur somme, a pour mesure la somme de leurs bases, ou sa propre base, multipliée par sa hauteur.

Quand les arêtes sont perpendiculaires au plan de la base, le prisme est droit.

Avant de passer à l'évaluation du volume de la pyramide, nous considérerons comme démontré que deux pyramides de même hauteur et de bases équivalentes sont équivalentes. On pourrait démontrer cette proposition avec toute la rigueur ordinaire des raisonnements géométriques, mais nous nous contenterons ici de l'énoncer.

119. Une pyramide a pour mesure le produit de sa base par le tiers de sa hauteur.

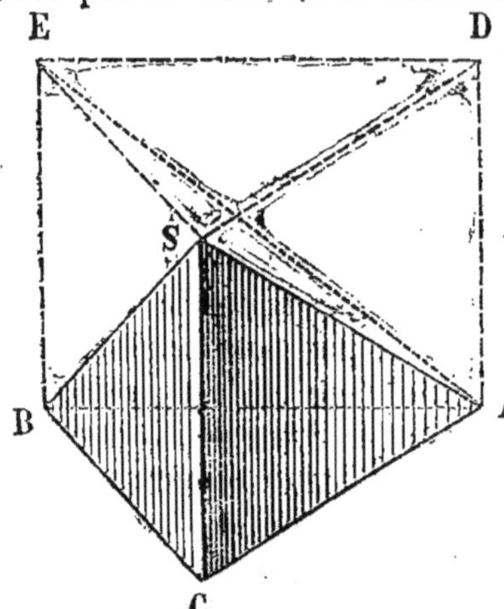

Soit la pyramide triangulaire SACB; menons par les points A et B les lignes AD, BE égales et parallèles à SC, et achevons le prisme triangulaire DSEACB, qui a même base et même hauteur que la pyramide; menons un plan par les trois points S, A, E. Le prisme se trouve ainsi composé de trois pyramides SACB, SADE, SABE, qui sont équivalentes. En effet, on voit d'abord que les deux SADE, SABE ont pour bases les deux triangles égaux ADE, ABE qui forment le parallélogramme ABEB et qu'elles ont même hauteur, puisque leurs sommets sont au même point S. Elles sont donc équivalentes; mais si l'on considère la pyramide SADE comme ayant son sommet au point A, elle a même base et même hauteur que la pyramide proposée, et lui est par conséquent équivalente. Donc, les trois pyramides qui composent le prisme triangulaire ont même volume, et la mesure de la pyramide proposée sera le tiers de celle du prisme, c'est-à-dire le produit de la base ACB par le tiers de la hauteur.

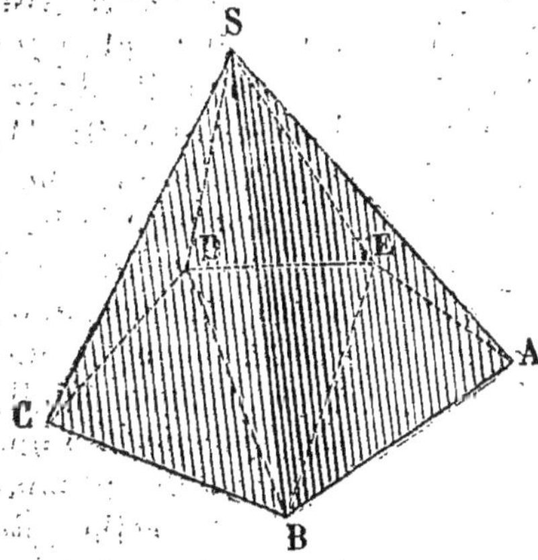

120. Une pyramide quelconque SABCDE a aussi pour mesure le produit de sa base par le tiers de sa hauteur.

En effet, en menant les plans SDB, SEB, on voit que la pyramide se décompose en trois pyramides triangulaires. Or, d'après le n° 119, chacune d'elles a pour mesure sa base par le tiers de sa hauteur : donc, la pyramide proposée, qui est égale à leur somme, a pour mesure la somme de leurs bases, ou sa propre base, multipliée par sa hauteur.

121. On peut toujours, en joignant par des droites le sommet de l'un des angles d'un polyèdre à tous les autres sommets de ce polyèdre, le partager en pyramides et opérer l'évaluation de son volume par le volume successif de chaque pyramide, en prenant la somme des résultats. Nous ne nous arrêterons donc pas sur ce sujet.

122. Lorsque l'on retranche par une section plane parallèle à la base d'une pyramide la partie supérieure de cette pyramide, il reste une *pyramide tronquée* ou un *tronc de pyramide*.

Toute pyramide triangulaire tronquée peut être décomposée en trois pyramides triangulaires de même hauteur que le tronc, et ayant pour base, l'une la base inférieure du tronc, la deuxième la base supérieure, la troisième une moyenne proportionnelle entre ces deux bases.

Menons deux plans, l'un passant par les points A, E, C, l'autre par les points A, E, F: ils partageront le tronc donné en trois pyramides, l'une ABCE qui a pour base la base inférieure ABC du tronc et pour hauteur celle de celui-ci; l'autre DEFA, ayant même hauteur et pour base la base inférieure DEF; il reste la pyramide AFCE, et nous devons prouver qu'elle est équivalente à une pyramide ayant pour hauteur celle du tronc et pour base une moyenne pro-

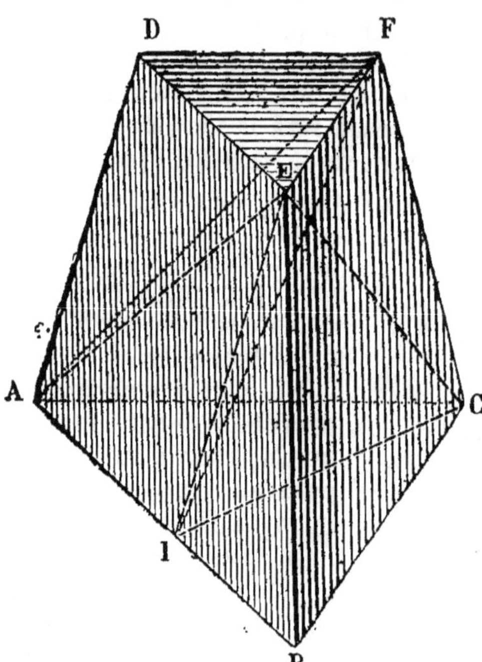

portionnelle entre les deux bases du tronc. Menons EI parallèle à AD, puis menons les plans AFI, IFC; ils for-meront avec les triangles AIC, AFC une nouvelle pyra-mide AFCI qui sera équivalente à la pyramide AFCE; car elle aura la même base, et les hauteurs seront aussi les mêmes, puisque les sommets F et I sont situés sur une droite parallèle au plan de la base; cela posé, la py-ramide AFCI peut être considérée comme ayant pour base le triangle AIC et alors pour hauteur celle du tronc: tout se réduira maintenant à prouver que la surface du triangle AIC est moyenne proportionnelle entre celles des triangles ABC, DEF. Or, les deux triangles AIC et ABC pouvant être considérés comme ayant même hauteur, on aura : AIC : ABC :: AI : AB ou :: DE : AB; car ADEI est un parallélogramme et DE $=$ DI. D'un autre côté, les deux triangles ABC et DEF étant semblables, on a (n° 77): ABC : DEF :: $\overline{AB}_2$: $\overline{DE}_2$, d'où DE : AB :: $\sqrt{\overline{DEF}}$: $\sqrt{\overline{ABC}}$ et par suite AIC : ABC :: $\sqrt{\overline{DEF}}$: $\sqrt{\overline{ABC}}$, d'où enfin $\overline{AIC}^2 =$ DEF $\times$ ABC. C. Q. F. D.

Polyèdres réguliers.

123. Un polyèdre est régulier lorsque toutes ses faces sont des polygones réguliers et que tous les angles dièdres sont égaux entre eux, ainsi que tous les angles polyèdres.

Il n'y a que cinq polyèdres réguliers, et il ne peut y en avoir davantage. Cette impossibilité provient de ce que la somme des angles plans d'un angle polyèdre ne peut être égale à quatre angles droits : on ne peut donc pas former un polyèdre régulier avec un polygone régulier quelconque : ainsi considérons un hexagone régulier ; chacun de ses angles est égal à $\frac{4}{3}$ d'angle droit, trois de ces angles formeraient donc quatre angles droits ; nous ne pouvons donc réunir trois angles d'un hexagone, et à plus forte raison d'un polygone d'un plus grand nombre de côtés ; comme on ne peut pas, d'ailleurs, former un angle polyèdre avec moins de trois angles plans, il en résulte que l'on ne peut faire de polyèdres réguliers avec l'hexagone ni avec les polygones supérieurs. Il nous reste donc le triangle équilatéral, le carré et le pentagone.

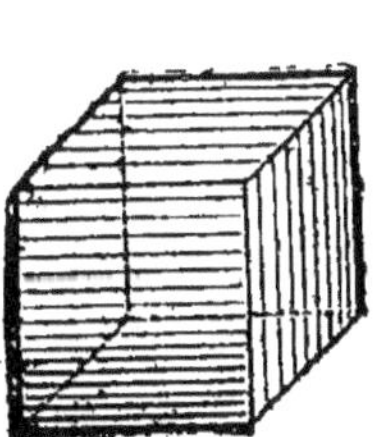

On ne peut réunir que trois faces du carré (car quatre faces donneraient quatre angles droits). On obtient ainsi le cube.

Les angles du triangle équilatéral étant égaux à $\frac{2}{3}$ d'angle droit, on peut en réunir jusqu'à 5 l'un contre l'autre ; en en réunissant 3 on forme le *tétraèdre régulier*, en en réunissant 4 l'*octaèdre* polyèdre à huit faces, en en réunissant 5 l'*icosaèdre* polyèdre à vingt faces.

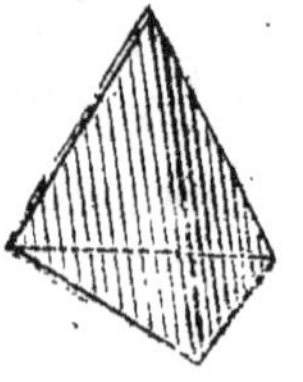

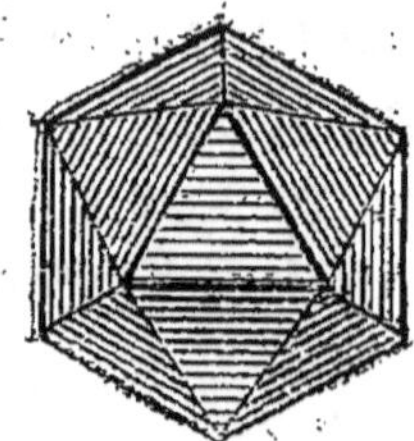

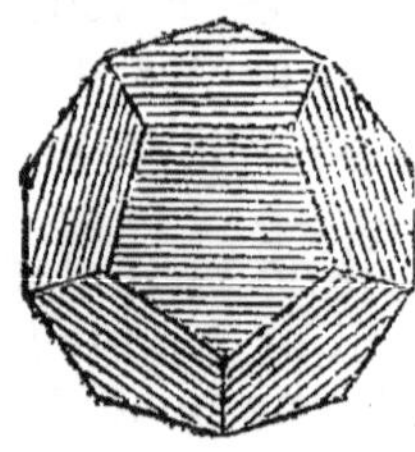

Enfin, les angles du pentagone étant égaux à $\frac{6}{5}$ d'angle droit, on ne peut en réunir que trois et l'on forme ainsi le *dodécaèdre* régulier, polygone à douze faces.

Corps ronds.

124. On appelle ainsi des solides produits par la révolution d'une figure plane autour d'une ligne droite.

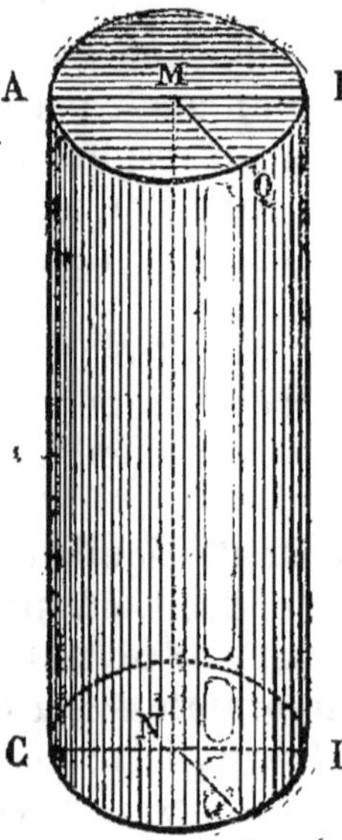

Ainsi, le rectangle MNPQ tournant autour de l'arc MN, engendre un solide qui porte le nom de *cylindre*. Le côté fixe MN est la hauteur ou l'axe du cylindre. Le côté mobile PQ en décrit la surface convexe, et chaque point de cette ligne décrit un cercle. Les deux cercles égaux décrits par les extrémités Q et P du côté mobile sont les bases du cylindre.

125. La surface convexe d'un cylindre a pour mesure le produit de la circonférence de la base multipliée par la hauteur.

Pour le prouver, inscrivons dans la base inférieure un polygone régulier ABCDE. Par les sommets de ce polygone, élevons au plan de la base

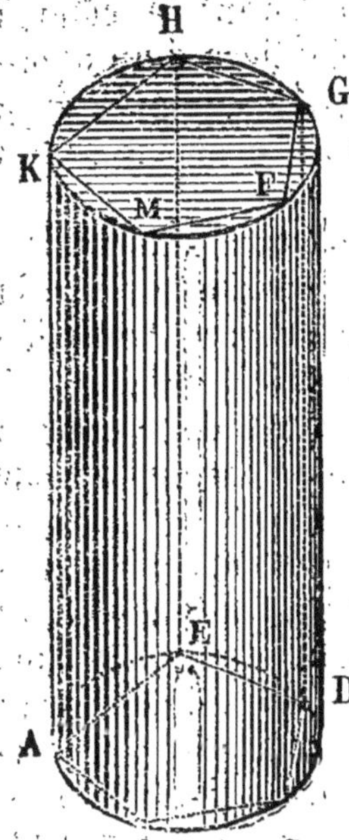

inférieure des perpendiculaires qui rencontrent la base supérieure aux points M, F, G, H, K, que l'on réunit par des lignes droites : on forme ainsi un prisme droit, dont la surface latérale est, comme il est facile de le voir, égale au contour de sa base multipliée par sa hauteur.

Or, en multipliant à l'infini le nombre des côtés du polygone qui sert de base, on peut faire que la surface du prisme droit diffère aussi peu que l'on voudra de celle du cylindre.

Donc on peut dire aussi que la surface du cylindre a pour mesure la circonférence de sa base multipliée par sa hauteur.

Ainsi, si la circonférence de la base avait 25 mètres et la hauteur 5 mètres, la surface convexe du cylindre serait équivalente à 25 m. × 5 m. ou 125 mètres carrés.

126. En faisant la même construction que dans le numéro précédent, et se rappelant que le volume d'un prisme quelconque a pour mesure le polygone qui lui sert de base multiplié par sa hauteur, on peut dire que le volume d'un cylindre est équivalent au produit de sa base par sa hauteur.

Par conséquent, si la base contient 30 mètres carrés et la hauteur 9 mètres de longueur, le prisme sera équivalent en volume à la somme de 270 mètres cubes.

127. Un triangle rectangle SAC tournant autour de l'un des côtés SC de l'angle droit engendre un solide nommé *cône*.

Le côté fixe SC est nommé l'*axe* du cône, le côté mobile SA engendre la surface convexe du cône, et chacun de ses points décrit un cercle dont le centre est situé sur l'axe. Le cercle décrit par l'extrémité A sert de base au cône.

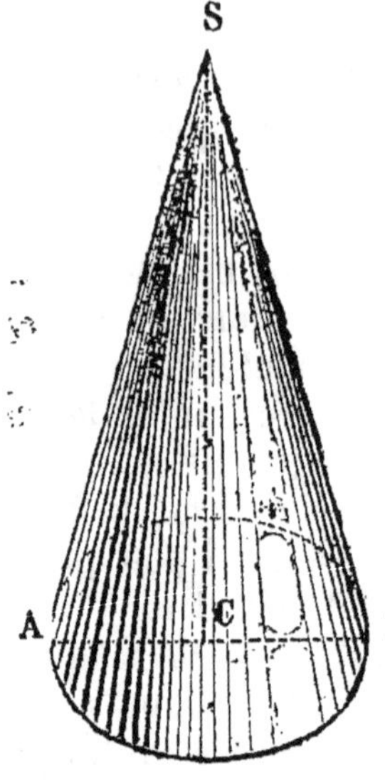

128. En comparant le cône à une pyramide régulière d'un nombre infini de faces, comme on a comparé le cylindre au prisme, on verrait :

1° Que la surface convexe ou latérale d'un cône a pour mesure la circonférence de la base multipliée par la moitié du côté mobile ;

2° Que le volume d'un cône a pour mesure sa base multipliée par le tiers de la hauteur.

129. Un tronc de cône a son volume mesuré par le produit du tiers de sa hauteur par la somme de trois bases : l'une, sa base inférieure ; l'autre, sa base supérieure ; la troisième, une moyenne proportionnelle entre les deux précédentes. Cette proposition est analogue à celle du n° 122.

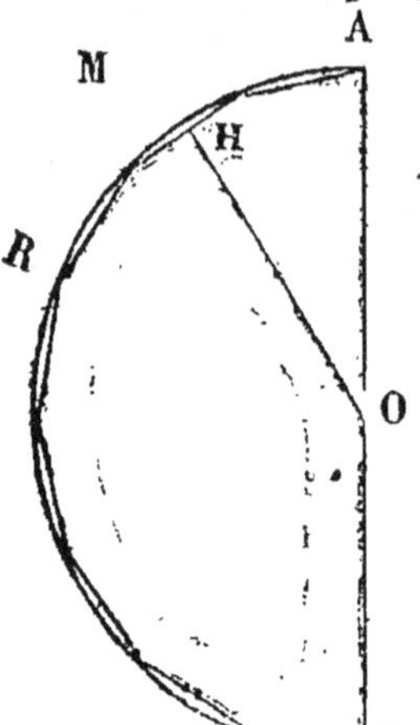

130. Le demi-cercle ARB tournant autour du diamètre AB engendre un solide nommé *sphère*. La demi-circonférence ARB engendre la surface de la sphère. Il est évident que tous les points de la surface de la sphère sont également éloignés du centre O.

131. On appelle rayon de la sphère une ligne droite menée du centre à la surface ; et diamètre, une ligne qui, passant par le centre, est terminée de part et d'autre à la surface.

132. Ainsi, tous les rayons d'une sphère sont égaux ; tous les diamètres sont doubles du rayon, et par conséquent égaux entre eux.

133. Si l'on coupe une sphère par un plan, la section est un cercle. Si le plan passe par le centre de la sphère, la section est appelée grand cercle ; les autres sont nommées petits cercles. Il est évident que tous les grands cercles sont égaux entre eux, puisqu'ils ont tous pour rayon le rayon de la sphère.

134. La surface de la sphère est égale à quatre grands cercles.

Pour le prouver, nous nous appuyons sur une vérité que je me contente ici d'énoncer sans la démontrer : c'est que si, dans le demi-cercle ARB on inscrit un demi-polygone régulier, la surface du solide engendré par ce demi-polygone aura pour mesure le diamètre AB multiplié par la circonférence OH.

Or, si nous supposons que ce polygone ait un nombre infini de côtés, la surface qu'il décrira se confondra avec celle de la sphère, et le rayon OH avec le rayon OM. On pourra donc dire que la surface de la sphère a pour mesure le produit de la circonférence d'un grand cercle multipliée par le diamètre.

Mais un grand cercle ayant pour mesure (n° 86) la circonférence multipliée par la moitié du rayon ou le quart du diamètre, on voit que la surface de la sphère est équivalente à quatre grands cercles. C. Q. F. D.-

135. Le volume de la sphère a pour mesure le produit de sa surface par le tiers du rayon.

En effet, supposons que par les extrémités d'un nombre infini de rayons on mène des plans qui ne fassent que toucher la sphère, ces plans formeront, par leurs intersections, un polyèdre qui se confondra sensiblement avec la sphère. Or, le polyèdre, pouvant se décomposer en pyramides qui ont toutes leur sommet au centre de la sphère, et pour base les faces perpendiculaires aux rayons, aura pour mesure sa surface multipliée par le tiers des rayons : la sphère aura la même mesure. C. Q. F. D.

136. On déduit des n°ˢ 125, 126, 134 et 135, ce théorème que trouva Archimède, et que l'on grava sur sa tombe :

La surface de la sphère est à celle d'un cylindre circonscrit (en y comprenant les bases) dans le rapport de 2 à 3 ; et les volumes sont dans le même rapport. En effet, la surface totale du cylindre est égale à la somme des surfaces des bases qui sont deux grands cercles, plus la

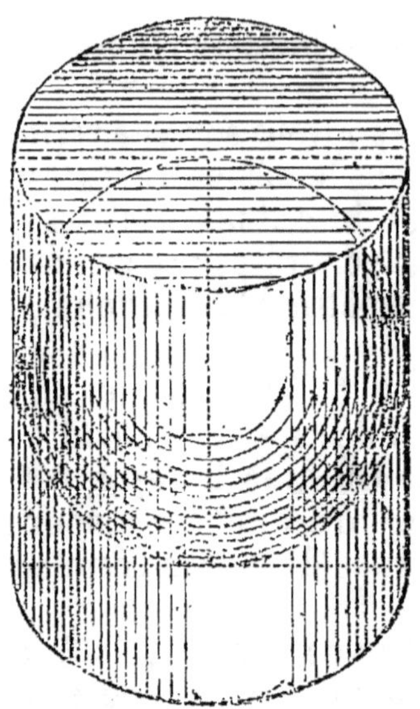

surface latérale qui est égale à la circonférence d'un grand cercle multipliée par le diamètre, ce qui fait quatre surfaces de grands cercles, et en tout six surfaces de grands cercles pour la surface totale du cylindre, tandis que celle de la sphère n'est que de quatre grands cercles.—Le volume du même cylindre est égal à la base, qui est un grand cercle, multipliée par le diamètre; celui de la sphère est égal à quatre fois la surface d'un grand cercle multipliée par le tiers des rayons, ou à une fois la surface d'un grand cercle multipliée par les $\frac{2}{3}$ du diamètre. Le rapport du volume de la sphère à celui du cylindre est donc aussi celui de 2 à 3.

FIN.

TABLE.

CHAPITRE I.

§   I. Lignes droites 5
   II. Triangles. 7
  III. Perpendiculaires et obliques. 10
  IV. Parallèles 12
   V. De la circonférence de cercle 16
 VI. Mes. des angles et division de la circonférence. 21

CHAP. II.

§   I. Lignes proportionnelles.. 24
   II. Figures semblables. 26
  III. Figures équivalentes et mesure des surfaces . 29
  IV. Polygones réguliers. 34
   V. Rapport de la circonférence au diamètre . . . 37

CHAP. III.

Plans. 41

CHAP. IV.

Polyèdres. 46
Polyèdres réguliers. 55
Corps ronds. 56

FIN DE LA TABLE.

Paris,—Imprimerie Bonaventure et Ducessois, 55, quai des Grands-Augustins